똥이랑 물이랑

똥이랑 물이랑

초판 1쇄 발행 2020년 7월 25일

• 지은이 | 한무영
• 발행인 | 박정자
• 편 집 | 차채옥 이미경 허희승
• 마케팅 | 류호연
• 디자인 | 에페코북스 편집실
• 주 소 | 서울시 영등포구 여의도동 14-5
• 전 화 | 마케팅 02-2274-8204
• 팩 스 | 02-2274-1854
• 이메일 | rutc1854@hanmail.net
• 발행처 | 우리
• 출판등록 | 제 2020-000004호
• 사진 | 박성수, 민경란

똥이랑 물이랑

한무영 지음

우리

빗물박사, 똥박사 되다

저는 토목 환경(Civil and Environment) 분야 중 하나인 상하수도가 전공입니다. 도시의 시민 모두에게 안전하고 깨끗한 물을 공급하고, 발생한 하수를 위생적으로 처리, 처분하는 일을 공부하고 설계, 시공, 연구, 교육을 해 왔습니다. 1973년부터 해왔으니 조금만 더 있으면 반세기가 됩니다.

상하수도 분야에서 일을 하는 사람들은 모두 커다란 자부심을 가지고 있습니다. 그 이유는 상하수도가 20세기 들어 인간의 평균수명을 30년 정도 연장시키는데 크게 기여한 공로로 인류 최대의 발명품의 하나로 선정되었기 때문입니다.

하지만 현재의 대형 댐과 광역상수도로 이루어진 집중형 상수도 시스템은 고비용, 고에너지의 시설로서 기후변화 시대에 안전성과 지속가능성에 문제가 제기 되고 있습니다. 또한 개도국의 현실을 보면 이러한 것을 도입할 만한 경제적 기술적 여력이 없습니다. 따라서 도시의 물관리를 안전하고 지속가능하도록 한다는 목표에는 변함이 없으나, 그 방법적인 면에서 보완을 할 필요가 있다고 생각하였습니다.

우리(雨利)와 우리(雨里)의 탄생

집중형 공급시스템의 문제점을 보완하기 위한 방법으로 저는 빗물을 이용한 분산형 시스템과 병행하여야 한다는 주장을 해왔고, 이제는 물관리 기본법에도 들어가고, 어느 정도 사회적 인식도 바뀐 듯합니다. 빗물에 대한 국,영문 박사학위 논문을 11개, 석사학위논문을 20개이상 지도하고 학문적인 이론을 닦아 놓고 세계적으로 유명한 모범시설들도 만들었습니다.

가만 보니 세종대왕님의 측우기 발명과 우리선조들의 물관리 전통이 제 이론을 펼치는데 도움이 되었습니다.

그동안 빗물에 관한 여러개의 국제적인 상도 받고, 그 결과 빗물로 모두를 이롭게 하자는 뜻의 우리(雨利)라는 단어를 만들었습니다.

마을마다 자기 동네에 떨어지는 빗물을 잘 관리하면 해결이 되며, 이것을 빗물마을 우리(雨里, rain village)라고 합니다. 그러한 우리가 모여서 빗물을 모으는 도시 레인시티가 됩니다. 빗물을 버리는 도시에서 빗물을 모으는 도시로 바꾸는 빗물의 혁명을 제안하였습니다.

빗물의 혁명: 빗물을 버리는 도시에서 빗물을 모으는 도시로
(Rainwater Revolution: from Drain City to Rain City)

토리(土利)의 탄생

상수가 들어가면 그대로 하수가 나오므로 상하수도를 서로 떼서 생각할 수는 없습니다.

우연한 기회에 Daum에서 뉴스펀딩에 참가하면서 12개의 스토리를 쓰기 시작하였습니다. 지진 피해를 본 네팔지역에 비상용 화장실인 119 화장실을 보내겠다고 시작하면서 화장실의 수량 문제, 수질 문제를 다루는 대중적인 스토리를 만들었습니다. 그동안의 사회문제였던 가뭄문제, 하천의 녹조문제가 모두 화장실에 관계된다는 것을 보고 저도 깜짝 놀랐습니다. 우리나라 물부족의 원인이 모두 수세변기에서 시작된다는 것을 알면서 환경부의 정책이 잘못된 점들을 발견하고, 물을 절약하는 절수형 사회로 가야 한다는 제안도 하였습니다.

　또한 현재의 하수관로 및 대형하수처리장을 이용한 집중형 하수처리장도 안전이나 운영상의 문제점이 있다는 것을 알고, 현재의 물부족, 수질오염 등의 문제도 발생원에서 처리하는 분산형의 하수처리방법과 병행하여야 한다는 것을 알았습니다.

　개도국에서 화장실 문제를 해결하기 위한 연구를 하는 중에 우리나라 전통의 해우소를 발견하였습니다.

　분뇨를 쓰레기로 생각하지 않고 비료 자원으로 생각하는 것을 보고 우리 전통화장실을 토리(土利)로 명명하고, 이것이 미래형의 화장실이 될 것이라는 확신을 가졌습니다. 전 세계적으로 물이 부족한 사람은 10억 명이고, 화장실이 없는 사람은 26억 명이라니, 더욱 많은 사람을 구해야겠다고 생각하였다.

　그 이후 외국인 학생들을 중심으로 화장실 연구를 시작하였습니다. 화장실 변기의 배관으로 막히는 경우를 찾아내는 공학적인 논문을 썼고, 분과 뇨를 분리하여 똥과 오줌의 특성을 파악하고, 똥 따로 오줌 따로 처리하는 논문을 쓰고, 실제로 천수텃밭에서 토리를 가동을 하면서, 비료효과를 검증하였습니다. 10여 명의 석박사를 지도하면서 논문을 쓰다 보니, 국제적인 상도 두 개나 받았습니다. 그 결과 화장실 혁명을 주장하게 되었습니다.

화장실 혁명: 쓰레기에서 자원으로:
(Toilet Revolution: From waste to resources)

우리(雨利)와 토리(土利)로 세계로 나가자

물관리란 위에서 하자는 대로 하는 것이 아니고, 시민들 모두에 의한 물관리가 되어야 합니다. 왜냐 하면 모든 시민이 물의 사용 자임과 동시에 오염물 배출자이기 때문에 "모두에 의한 물관리" 가 되어야 합니다. 그리고 지역의 특성에 따라 이루어진 전통과 문화를 따라 해야하기 때문에 똥문화, 물문화에 관심을 가지고 재미있는 전통에 대해 궁금해 하였습니다. 똥문제, 물문제는 우리 세대만의 문제가 아니고, 수백세대를 거쳐 왔기 때문에 그 답은 현명한 선조로부터 찾을 수 있습니다.

전 세계 물과 위생에 대한 목표인 SDG6를 해결하는데 저는 우리 선조들의 빗물관리와 친환경 화장실이 그 해결책이라고 생각합니다. 그러한 문화적 철학적 바탕위에 첨단의 IT 기술을 추가하면 전 세계의 물문제를 풀 수 있다고 생각합니다.

그래서 물문화, 똥문화에 대한 좋은 프로젝트나 사례를 찾아 다녔습니다. 그 중에는 수원시에 있는 해우재, 남이섬 관광단지, 노원구의 천수텃밭, 제주의 탐나라 공화국, 충남 홍성의 하늘물 스스로 해결단, 서울대학교 35동 옥상텃밭 등이 좋은 사례들입니다. 이 사례들의 특징은 단순히 탑다운식의 정부에서 돈 줄테니 하라는 식이 아니고, 돈을 안주어도 주민들이 스스로 활동하면서 행복하게 만들어 나가는 바탐압식의 활동입니다. 주민들 스스로의 필요에 의해서 책임의식을 가지고 재미있게 창의적으로 활동하는 것이 의미가 있습니다.

고마우신 분들에 대한 감사

이 책을 쓰면서 우리나라의 화장실분야의 학문과 문화운동의 대가들과 접촉을 하였습니다. 최의소 교수님은 공학분야에서, 전경수 교수님은 문화인류학 분야에서 똥에 대해 연구하신 대가입니다. 표혜령, 이원형, 김연식 등은 화장실 문화운동의 선구자입니다. 개도국의 물문제의 중요성은 아시아개발은행(ADB)에서 근무하시던 유기희 교수님, 그리고 코이카의 이지은 과장님이 잘 압니다.

빗물과 마찬가지로 똥도 발생한 곳에서부터 처리하는 것에 대해 관심을 가진 학자들은 그리 많지 않습니다. 아마도 서양식에만 길들여진 지식, 그리고 돈이 되지 않기 때문에, 그리고 기득권 세력의 거부감이 많기 때문이라고 봅니다. 하지만 인류의 목표인 SDG6를 해결하기 위해서는 결국은 빗물과 화장실을 발생한 곳에서부터 다루어야 할 것이며, 최근의 선진국의 연구동향은 이렇게 바뀌고 있습니다.

　최근 20년 동안 우리와 토리라는 새로운 단어를 만들고 연구를 하면서 사회적으로 확산하는데 참으로 좋은 사람들을 만나서 도움을 받았습니다. (고)황기현님, (고)심재덕님, 물관리 기본법을 제정하시고 (사)국회물포럼을 창립하신 주승용 (전)국회 부의장님, 스타시티 프로젝트를 도와주신 (전)김분란 국장님 그리고 무엇보다도 힘들고 외롭게 우리 연구실에서 빗물과 똥에 대해서 연구를 해온 우사학당의 졸업생들에게 감사를 드립니다.

　그리고 이 책을 출판해주시면서 우리와 토리의 지지자가 되어주신 에페코북스 박정자 대표님께 감사를 드립니다.

2020년 7월
우리(雨利) 한 무 영

목 차

◆부록 / 화보로 보는 빗물 현장스케치

◆ 저자소개

수세변기에서 사용하는 물은 얼마나 되며
어디로 어떻게 흘러가나요?

Chapter 1

수세변기, 축복인가 재앙인가

수세변기를 알고 계시나요

인류 최대의 발명품 수세변기

미국의 과학한림원에서는 20세기 들어 인류에 가장 혜택을 준 10대 발명품 중 하나로 상하수도 시스템을 선정한 바 있습니다. 그 이유는 상하수도로 인하여 깨끗한 식수를 공급하고, 위생적인 환경을 만들어 인간의 평균수명을 30년 정도 늘렸다는 공로를 인정했기 때문입니다. 의약의 기술이 인간의 평균수명을 1년이나 5년 정도 연장한 것과 비교하면 엄청난 업적이란 것을 알수있습니다.

그 중에 수세변기가 있습니다. 용변을 본 후 단추만 누르면 물과 함께 눈앞에서 사라집니다. 그런데 다음과 같은 문제를 생각해 본적 있는지요. 도시 전체의 수세변기에서 사용되는 많은 양의 물은 어디서 어떻게 오는 것일까. 수세식 변기의 단추를 누른 다음에는 어디로 어떻게 흘러갈까. 그것이 생태계와 인간에게 나쁜 영향을 미치지는 않을까. 과연 이러한 방법이 지속 가능할까. 만약 인간이 우주에 진출하여 새로운 문명을 건설한다고 할 때 과연 수세변기를 채택할까요.

수세변기를 다시보자

우리가 수세변기를 편리하게 쓰고 있는 그 이면에는 다른 문제점이 있습니다. 나 자신의 관점에서 또는 인간의 관점에서, 또는 우리 세대의 관점에서는 좋을 것 같지만, 다른 사람이나, 생태계, 그리고 다음 세대에 피해를 끼치고 있다는 것을 알아야 합니다. 우리는 30년을 더 살 수 있게 되어 좋다고 하지만, 그것으로 인하여 하천의 오염, 자연의 파괴, 에너지의 과다 사용 등으로 지구 전체가 몸살을 앓는다거나, 상수를 공급하고 그 부산물인 하수를 처리하기 위하여 다른 사람들과 우리의 환경이 피해를 보고, 우리 후손들이 비싼 비용을 지불해야만 합니다. 20세기에 30년 더 사는 대가로 21세기에 자연이 파괴되고 지구가 멸망한다면, 그것은 마치 일시적인 쾌락을 주면서 육체와 가정을 좀먹는 마약과도 같은 게 아닐까요.

배설물을 잘 처리하는 문제는 인류의 역사상 가장 커다란 숙제였고 앞으로도 큰 숙제거리가 될 것입니다. 그 처리를 잘못하여 많은 사람이 병들어 죽거나 심지어는 도시전체가 살지 못하게 되는 경우도 있습니다. 그것을 처리하는 방법으로 현재 각광을 받고 있는 것은 수세변소입니다.

과연 그것이 좋을까요.

수세변기를 고발한다

저는 상하수도를 전공한 전문가의 입장에서 다음과 같은 10가지 죄목으로 수세변기를 고발하고자 합니다.

① 물을 많이 사용하도록 한 죄
② 깨끗한 물을 섞어서 모두 더럽게 만든 죄
③ 하수를 많이 내려 보낸 죄
④ 배설물속의 비료 자원을 낭비한 죄
⑤ 원래 몸에서 분리되어 나온 똥과 오줌을 합쳐서 내보낸 죄
⑥ 땅에 섞을 것을 물에 섞어 내보낸 죄
⑦ 물 부족이라고 엄살을 떨게 하면서 댐이나 자연을 파괴한 죄
⑧ 에너지를 많이 쓰도록 한 죄
⑨ 자신이 만든 더러운 것을 멀리 버리고 남에게 치우도록 한 죄
⑩ 배설물 처리에 관한 자기 결정권을 박탈하게 만든 죄

만약 수세변기가 유죄판결을 받는다면 모든 시민은 공범 또는 협조자가 되어 수세변기의 죄목에서 자유로울 수 없습니다. 그렇다고 배설을 하지 않고는 어느 누구도 살 수는 없습니다.

이것을 잘 풀어나갈 방법은 없을까요 그 해답은 수천 년을 슬기롭게 살아온 우리 조상의 지혜와 전통에서 찾을 수 있습니다. 물을 안 쓰고, 똥과 오줌을 따로 모아서 비료로 환원하고, 자신의 몸에서 나온 것을 다시 자연에 환원한다는 철학입니다. 자신의 문제를 남에게 떠넘기지 않는 사회적 책임을 몸소 실천한 것입니다.

물론 현대에 이러한 것을 그대로 요구하기는 어렵습니다. 다만

배설물 처리에 대한 철학이나 사회적 책임은 유지하면서, 거기에 맞게 첨단의 기술을 가미하면 됩니다. 가령 물을 전혀 안 쓰는 변기나, 또는 최소한의 물만(4리터/회) 쓰는 수세변기라든지, 또는 똥과 오줌을 분리하여 비료로 만들어 농토에 환원하는 변기를 공학적으로 만들어 내는 것이 가능합니다. 여기에 첨단의 재료과학이나 IT를 접목시키면 위에 적은 수세변기의 10가지 죄의 일부분은 면할 수 있습니다.

21세기도 화장실의 축복을

20세기의 최고의 발명품인 수세변기의 축복을 21세기 이후에도 축복으로 바꾸기 위해서는 수세변기에 대한 잘못된 인식을 과학과 공학으로 개선하고, 그것을 사회적으로 접목시켜 인류에게 편안한 미래를 만들어야 합니다.

화장실에 대한 새로운 인식의 전환이 사회적으로 확산되어 환경부의 정책이 바뀌고, 대한민국에서 개발된 새로운 패러다임의 화장실이 전 세계에 전파되어 많은 사람들이 혜택을 받고, 환경오염을 줄이며, 후손에게 부담을 주지 않는 그러한 방법으로 활용되기를 바랍니다.

똥과 물

전 경 수
서울대 인류학과 명예교수
베트남 두이탄대학 외국어학부 학장

참으로 기쁘다. 동지를 만나서. "똥"과 "물"을 하나의 셋트로 엮어서 생각을 전개하는 한무영 교수의 글을 보고 그지없이 기쁘다. "똥물"이 아니다.

"똥"과 "물"이다.

내가 똥에 대해서 적극적으로 대중을 향하여 글을 쓰게 된 연유를 말씀 드리고 싶다. 나는 미국 유학 시에 생태인류학이라는 분야를 공부하려고 작심하였다. 미네소타대학의 인류학과에는 그런 분야의 특별한 프로그램이 없었고, 수소문 끝에 호소학(limnology) 연구실이 있는 곳으로 연결될 수 있었다. 미네소타주는 만개가 넘는 호수로 구성된 곳이기 때문에, 특별하게 호소학을 중점적으로 연구하는 곳이었다. 복잡한 실험실 속으로부터 별로 배울 수 있는게 없었기 때문에, 몇 번 못 가고 출입을 하지 못하게 되었다. 물이 문제가 된다는 것은 이미 기정사실이었고, 어떻게 하면 대중을 향하여 미래의 물 문제의 심각성을 알리고, 그것을 알리기 위한 좋은 방안을 생각하다가. 내가 익숙한 똥을 거론하기 시작하였다. 그래서 1992년에 〈똥이 자원이다〉(통나무 간행)라는 책을 내

게 되었다. 도올 형의 적극적인 도움이 작용하였다. 주변에서 빈정거리는 소리도 들렸지만, 나는 아예 싹 무시하였다. 잘 모르면 빈정거릴 수도 있기 때문이다. 그리고 2002년에 다시 〈똥도 자원이라니까!〉(지식마당 간행)라는 다소 자극적 제목의 책을 만들었다. 그 십 년 사이에 이런 일이 있었다.

2000년에 선비께서 세상을 여의시고, 빈소로 찾은 어머니의 후배들 중 가까운 분께서 다음과 같은 내용의 말씀을 하셨다. 어머니의 주변에는 항상 사람들이 많았다. 어딜 가나 어머니의 별명은 "큰엄마"였다. 어머니는 큰아들인 나를 자랑스럽게 생각하셨고, 주변의 칭송으로 어머니는 늘 기분이 좋으셨던 걸로 기억한다. 어느 날 늘상 다니시던 시장에서 어머니의 귀에 들리는 소리들 중에 "저집 큰아들이 서울대교수인데 똥박사라네". 어머니는 그 말이 저윽이 언짢으셨던 모양이고, 그 후배에게만 조용히 기분을 털어놓으신 적이 있었다는 것. 어머니는 나에게 직접 그 얘기를 하지 못하고 돌아가셨다. 아마도 이런 말씀을 하시고 싶었을 게다. "애비야, 이제 똥 얘기 그만하면 안되냐?"라고. 선비를 앞에 모신 빈소에서 지나간 얘기를 듣는 순간 나는 똥에 관한 책을 한 권 더 만들어야겠다고 결심하였다.

그렇게 해서 나온 것이 2002년의 〈똥도 자원이라니까!〉이다. 우여곡절 끝에 출판사가 그 제목을 받아들일 수밖에 없었다. 그 제목이 아니면, 나는 책을 낼 생각이 없었기 때문이었다.

평소에 빗물박사라고 알고 있었던 공과대학의 한무영 교수께서 똥을 전면에 거론한다는 점에 나는 대찬성을 넘어서 박장대소할 수밖에 없다. 이제 드디어 또 다른 똥박사가 대중의 전면에 부상하는구나. 전도양양하길 학수고대하는 바이다.

금기는 그 금기를 대상화하는 실체를 부패하게 만든다. 섹스를 금기시하면, 섹스와 관련된 곳은 썩게 마련이다. "똥"을 입에 담지 않으면, 똥이 제대로 썩지 못한다. 그것을 밝은 곳으로 내어서 자유롭게 기쁘게 거론할 수 있어야 한다. 내가 똥을 거론하는 이유는 물을 걱정하기 때문이다. 그래서 〈물걱정, 똥타령〉이라는 제목의 책도 만들었다. 똥이 물을 만나는 구도는 곤란하다. 그 조합은 무슨 수를 써서라도 막아야 한다. 1980년대 말에 학생들과 함께 반포아파트를 대상으로 수세식변기의 물 사용량을 가볍게 측정한 적이 있었다. 그때 알았던 것이 똥 한 번 누고 소비하는 물의 양이 13리터. 어떤 사람들은 두 번씩도 누른다. 물의 양도 문제지만, 질이 더욱더 문제가 되었다. 한무영박사에 제안한 토리(土利)라는 개념이 유익한 과학적인 이유가 있다. 똥이 흙을 만나는 것과 물을 만나는 것 사이의 차이가 이미 과학적으로 검증되어 있다. 물과 섞인 똥은 제대로 썩을 수가 없다. 흙으로 들어간 똥이 흙 속의 미생물에 의해서 분해되기 시작하여, 궁극적으로 토양을 기름지게 하는 거름이 되는 것이다. 이것이 전통적인 농업에서 행해졌던 방식이었다. 소위 근대화된 화학영농이 우선

시 되고, 잘못된 위생개념이 도입되면서, 똥의 운명이 어렵게 되었다. 똥은 그냥 "싸버리는" 것이 아니고, 잘 달래야 할 대상이다. 내가 어린 시절 선비께서 늘상 하셨던 말씀이었다.

각설하고, 한무영 교수가 제안하는 토리 개념이 이번에는 제대로 대중들 속으로 정착하기를 고대해본다. 이것이 인류가 살길이다. 마구잡이로 열대우림을 베어낸 결과 에볼라와 같은 바이러스가 등장하고, 기약없이 치닫는 산업화의 대기오염이 코로나바이러스 같은 것을 만들어내는 근본적인 원인이라고 나는 생각한다. 이제 좀 살림살이를 걱정해야 할 때다. 그동안 너무 지나치게 "잘난" 행세를 해온 인류가 반성해야 할 차례다. 그렇지 않으면, 코로나바이러스보다도 더 강력한 바이러스가 등장한다. 반드시 그 과정이 오고야 만다. 그렇게 되지 않기 위해서는 다시 조용히 똥을 생각할 때다. 그리고 자신의 몸 속으로부터 나온 똥이 어떠한 과정을 밟느냐에 따라서 인류의 운명이 달렸다는 점을 깊이 생각해야 할 때이다. 한무영 교수의 '똥과 물' 이야기가 대중 속에서 널리 회자될 수 있을 수밖에 없는 상황이다. 그런데, 만약에 그렇게 되지 않는다면, 그것은 인류패망의 길을 자초하는 길이 될 것이다. 모두 똥 누면서 곰곰히 생각하는 기회를 가져주시기를. 돈수백배. ⊞

2020년 봄, 코로나바이러스로 세상이 닫혀진 상태의 요코하마 백락재에서

수세변기 모양의 실내에서
똥이 흘러가는 모습

Chapter 2

수세변기는 물을 너무 많이 씁니다

수세변기는 물 먹는 하마

제1부의 수세변기는 축복인가 재앙인가라는 글을 읽으면서 찬성하는 분들도 있고 이를 부정하시는 분들도 있다고 생각합니다. 아마도 누구나 똥을 생산하고 물을 사용하기 때문에 수세변기와 공범이 될 수도 있다는 것에 강한 긍정이나 부정을 하시었을 것입니다. 해박한 지식과 경험으로부터 나온 우려를 공감하고 환영합니다. 이러한 관심과 문제점의 제시가 바로 올바른 대안을 제시하는데 도움이 되기 때문입니다.

문제를 알아야 올바른 답을 낼 수 있습니다. 예를 들면 우리나라가 물 부족국가라고 하지만 "당신은 하루에 물을 몇 리터 쓰십니까", "화장실에서 물을 하루에 얼마나 쓰시나요" 라고 물어볼 때 대부분의 사람들은 모릅니다. 일반인은 그렇다 치더라도, 소위 물 전문가나 물정책자, 심지어는 훌륭한 환경 운동가들중에도 답을 모르는 분들이 많습니다. 그런데 이 계산은 초등학생들도 풀 수 있을 정도로 아주 쉽습니다. 우리 국민 모두가 이것을 아는 순간 우리나라의 물문제 해결의 실마리가 보일 것입니다. 마찬가지로 현재의 수세변기의 문제점을 알아야, 그것을 극복하는 방법을 알아낼 수 있습니다. 물론 문제를 푸는 것은 과학과 기술만이 할 수 있습니다. 앞으로 그러한 대안들을 하나씩 소개해드리도록 하겠습니다. 그 첫 번째 죄목인 수세변기의 물 사용량에 대해서 먼저 시작하겠습니다.

소양감 댐을 삼킨 수세변기

지난 달 춘천에 있는 소양강 다목적댐에 가보았습니다. 만수위가 198미터인데 현재 수위는 157 미터로서 물이 부족하여 지난 겨울 빙어축제도 못했다고 합니다. 과거 몇 십 년간의 자료를 보면 소양강댐에 물이 꽉 찬 적이 없고 앞으로도 더 줄어드는 추세이니 점점 더 댐이 댐 구실을 못할까 걱정입니다. 만약 이 댐을 만드는데 관여한 분들이 보신다면 매우 안타깝게 생각할 것입니다.

지난 3월에 소양강 댐을 관리하는 수자원공사에서 기우제를

[물이 빠진 소양호]

지냈다는 뉴스를 보았습니다. 소양강 댐이 빈 이유는 비가 오지 않아서 그런 것이니 이해가 되긴 합니다만 안타까운 것은 하늘에 정성 드리는 일 말고는 다른 과학적, 기술적인 일은 없는 것일까? 국민들도 동참할 수 있는 방법은 없을까 입니다.

소양강댐의 수위가 낮아진 것은 잔고가 줄어든 통장으로 비유 할 수 있습니다. 통장의 잔고가 줄어드는 이유는 수입보다 지출이 많기 때문입니다. 적자를 줄이기 위해서는 많이 벌어오거나 적게 쓰면 됩니다. 지금까지는 많이 벌 생각만 했지 적게 쓸 생각은 안 했던것 같습니다.

서울대학교 학생에게 내준 숙제

제 강의를 듣는 서울대학생에게 자신이 하루에 물을 몇 리터 사용하는지 계산하라는 숙제를 내주면서 똑같은 문제를 초등학교 학생들에게도 냈다고 이야기합니다.

그러면 학생들은 두 번 놀랍니다. 첫째는 초등학생에게 내준 똑같은 문제를 물어보는 것에 자존심이 상해서 놀라고, 두 번째는 계산해보고 나서 변기에서 버리는 물의 양이 엄청나게 많다는 것에 놀랍니다.

여러분도 저를 따라 한번 계산해 보시기 바랍니다. 쉽습니다. 첫째, 수세변기 한번 내릴 때의 물 사용량입니다. 수세변기의 뒤에는 물통이 있어서 한번 변기를 내릴 때마다 물이 공급됩니다.

　통의 가로, 세로, 높이를 먼저 자로 잽니다. 여기서 높이는 꽉 찼을 때의 물의 높이입니다. 제가 재본 변기는 가로 × 세로 × 높이 = 35cm × 15cm × 25cm = 13.125㎤≒13리터　입니다. 물론 이것보다 작은 변기도 있고 큰 변기도 있습니다. 사실은 이 양에다 사이펀 배관과 변기수조안에 있는 물도 합해야 합니다.

[수세변기]

변기 1회 이용량 물사용량
부피 = 가로 × 세로 × 높이 =35cm×15cm×25cm =13125㎖ ≒13L

　둘째, 수세변기에서 하루에 버려지는 물의 양은 수세변기를 하루에 몇 번 내리느냐에 따라 다릅니다.

수세변기 물 사용량 = 변기의 일회당 물 사용량×변기 누르는 횟수

　성별이나 나이에 따라 차이도 있지만 대변은 하루에 한번, 소변은 하루에 평균 7회 정도 됩니다. 여기에 습관도 큰 요인이 됩니다. 휴지나 담배꽁초를 버리고 내리는 사람도 있습니다.

　소변소리가 밖에서 안 들리게 미리 한번 내리기도 하고, 아니면 변기에 지저분한 것이 남아 있어서, 또는 개나 고양이를 기

르는 사람들은 애들이 실례한 것을 버리고 누르는 횟수도 더해야 합니다. 나이가 드시면 소변보는 횟수가 늘어납니다.

하루에 한사람이 평균 10번을 누른다면 하루사용량이 130리터 정도가 됩니다. 일 년이면 한사람 당 약 50톤 정도입니다 (130리터 × 365일 ≒ 50ton). 아주 커다란 소방차가 운반하는 물의 양이 10톤인 것을 보면 한 사람이 일 년에 소방차 5대 분을 수세변기에서 사용하는 셈입니다.

대략적으로 계산해 보면, 대한민국의 수세변기 보급률이 60%라고 가정하면, 3,000만 명이 사용하였으니, 일인당 50톤을 곱하면 1년에 15억톤의 물이 수세변기로 나갑니다. 소양강 댐의 유효용량이 19억 톤이라고 하니, 매년 소양강 댐의 용량만큼의 물을 수세변기에서 사용하는 셈입니다.

소방차 5대 = **50톤**
=한사람이 일년 동안 수세변기로 사용한 량

지난 30년간 수세변기의 보급으로 인해 소양강 댐 20개 분의 물이 사용되었습니다. 이는 상수공급만의 문제가 아닙니다. 똥이 섞인 하수는 하수처리장에 가서 돈을 들여 처리하든지, 아니면 처리하지 않은 상태로 하천을 더럽힙니다. 또 그만큼의 물을 보내기 위해 필요한 상수도 관로, 하수도 관로의 용량도 커집니다. 처리와 운반에너지도 많이 듭니다.

셋째, 수세변기에서 사용하는 물의 양을 줄이려면 변기를 절수형으로 바꾸든지 변기 누르는 횟수를 줄이면 됩니다. 현재의 변기는 13리터~15리터(정부에서는 수도법으로 신축하거나 개축하는 건물은 6리터 이하 변기를 사용하도록 규정)인데 이것을 기술적으로 4~5리터짜리로 바꾸면 됩니다. 대소변에 따라 사용하는 물의 양을 조절 할 수도 있습니다.

변기통 안에 벽돌이나 페트병을 넣는 분도 계십니다. 그렇지만, 벽돌한장을 집어 넣으면 1리터 (가로 × 세로 × 높이 = 19cm × 9cm × 5.7cm = 974.7cm³≒1리터), 페트병은 1~2리터 줄일 수 있지만, 변기의 구조상 잘 안 씻겨져서 두 번 내려야 한다면 결국은 물을 더 낭비하게 되는 경우도 있습니다.

변기 누르는 횟수를 조절하기 위해 화장실에 가지 말라고 할수는 없겠지요? 다만 습관적으로 누르는 회수를 줄이면 됩니다. 잔변이 남아서 여러 번 눌러야만 한다면 그것은 변기 구조가 잘못 되었기 때문이니 바꿔야 합니다.

쓰레기나 담배꽁초는 쓰레기통에 버리면 됩니다. 소변을 볼

때 다른 편안한 소리(물소리 등)가 나는 음향기기(에티켓벨)를
설치하면 물 내리는 횟수를 줄일 수 있습니다.

문제를 알면 답이 보인다

수세변기에서 내리는 물의 양이 엄청나다는 것을 모든 국민
이 알고, 이것을 줄이려는 정책이 반영 된다면, 우리나라의 물
문제는 많이 줄어듭니다.

미국과 같은 선진국에서는 물 사용량을 줄이기 위해 최우선
적으로 절수형 수세변기를 의무적으로 판매, 사용하도록 하고
있습니다.

신축 건물에서는 절수형 수세변기를 의무적으로 사용하도
록 하고, 기존 건물에 있는 오래된 변기를 무료로 바꾸어 주거
나 바꾸는데 드는 비용의 일부 또는 전부를 보상해 주고 있습
니다. 만약 이를 어길 때에는 벌금을 부과하기도 합니다.

물 부족을 해소하고 물 절약을 하기 위해서 시민단체에서 가
장 먼저 하는 해야 할 일은 수세변기를 교체하고 화장실 사용
습관을 바꾸도록 하는 물문화 운동입니다.

댐을 만드는 비용대신 변기를 교체해서 훨씬 더 적은 비용으
로 빨리 물 부족을 해소 할 수 있습니다. 아마도 이러한 노력과
정성이 옛 어른들이 기우제를 드리는 정성과 같다고 현대적으
로 해석 할수 있을 것입니다.

물 많이 쓰는 수세변기

물 도둑 수세변기

　제2부 제1장에서 우리의 수세변기가 물을 지나치게 많이 잡아 먹는다는 것을 강조하기 위해 하루에 한 사람 당 130리터, 일 년이면 50톤, 즉 소방차 5대분을 사용한다고 했는데, 실감이 나시나요? 2리터 짜리 페트병 65개가 130리터입니다. 1,000cc짜리 맥주 조끼 130개 분량의 수돗물을 매일 수세변기에 버리고 있습니다.

　만약에 수돗물이 끊어져서 자신이 쓸 화장실용 물을 길어 와야만 한다면 20리터 물통 6개를 이고, 지고, 메고, 5리터 물통 2개를 손가락에 끼고 매일 갖고 와야 합니다. 4식구의 화장실을 책임지는 가장은 500킬로그램의 물을 날라야 합니다. 그것도 매일.

　대안은 간단합니다. 한번에 4리터씩 쓰는 초절수형 변기로 바꾸는 것입니다. 당연히 깨끗하게 한 번에 싹, 막히지 않아야 합니다. 첨단의 과학이 필요합니다. 기술은 있습니다. 확산하기 위한 여러분의 의지와 사회적 공감대를 형성해야 합니다. 이를테면 다양한 초절수형 변기 기술 개발에 연구개발비용을 투자하고, 공모대회를 통해 기술력을 검증해야 합니다. 사회를 변화시키고자 하는 깨어난 시민들이 이것을 요구하여야 합니다. 이런 과정을 통해서 정부의 정책이 바뀌게 될 것입니다.

섬지방의 황당한 수세변기

전남 신안군의 기도라는 섬에는 9가구 20명이 살고 있습니다. 생활용수는 짠 지하수를 이용하고 그나마 물이 부족 할때는 행정선으로 물을 대어서 마셨습니다. 이 섬에 빗물이용시설을 설치하고, 물의 용도에 따라 다른 수질의 물을 사용하는 방식으로 물 문제를 간단하게 해결했습니다.

지붕에 떨어지는 빗물을 모아서 세수, 세탁, 설거지 등 생활용수는 그냥 사용하고, 마시는 물은 자외선 소독으로 안전하게 처리했습니다, 수세변기는 지하수를 쓰게 했습니다. 공학적 계산을 했습니다. 하루에 주민 한 사람이 40리터를 쓴다고 하면, 기도의 지붕에 떨어지는 빗물로 일년 내내 충분히 사용할 수 있습니다. 이듬해 에너지 글로브상이라는 국제적인 상을 받았습니다.

그런데 최근에 실패를 하였습니다. 겨울에 빗물이 모자라다는 것입니다. 원인을 찾았습니다. 최근에 지하수가 부족하다 보니 주민들이 빗물을 수세변기로 연결했습니다, 수세변기에서 물을 너무 많이 사용하니 빗물이 모자르게 된 것입니다.

섬지방의 주민은 물을 매우 아끼는 게 몸에 배어 있습니다. 물을 조금 받아서 세수와 설거지용도로 눈물 겨운 노력을 들여 아낍니다. 이렇게 절약한 양이 하루에 2~3리터입니다. 수세변기에 빗물을 연결하고 나니 하루에 100리터 이상씩 물이 버려집니다. 만약

[돈을 잡아먹는 수세변기]

에 수세변기의 가로 세로 높이를 한번이라도 계산하였다면 물 도둑이 어디에 있는지 바로 알았을 것입니다.

수도를 놓기 힘든 섬은 해수담수화 시설을 만들어서 사용하거나 설치할 계획에 있습니다. 시골 오지에도 상수도가 들어갑니다. 이 곳의 수세변기 크기를 보면 어안이 벙벙합니다. 희한하게 큰 것이 들어가 있습니다. 혹시 친척분이 있으면 한번 전화로 물어보시기 바랍니다. 아니면 사진을 찍어서 보내라고 해서 가로 세로 높이를 한번 재보시기 바랍니다.

왜 물을 많이 버리는 큰 변기를 사용하였을까요. 크면 시원하게 잘 내려갈 것이라는 믿음이 있나요. 미국, 중국 등 시장에서 퇴출된 큰 수세변기는 가격이 싸니까 일부 설비업체에게는 은밀한 유

혹이 될 것입니다.

물 사용량에 따라 상수도의 처리용량이나 관로의 크기를 결정하는 데, 물 사용량이 많아야 돈을 더 많이 벌어서 좋아하는 사람들이 이것을 묵시적으로 방조했을지도 모릅니다.

물 많이 쓰는 수세변기를 깨자

정부의 물 관리 정책에 "물 많이 쓰는 수세변기를 깨자" 정책을 제안합니다. 미국이나 독일처럼 모든 수세변기에 일회 물 내림양의 표시를 의무화하고 일정량 이상의 물을 사용하는 수세변기를 시장에서 퇴출시켜야 합니다.

미국의 지자체에서는 기존 건물에 설치된 물을 많이 쓰는 수세변기를 교체하는데 보조금이나 인센티브를 주고 있습니다. 일본은 대소변을 구분하여 물을 내리는 장치를 의무화하고 있습니다. 빌 게이츠 재단에서는 물을 적게 쓰는 변기를 연구 개발하는데 연구비를 집중적으로 지원하고 있습니다.

전국의 모든 변기를 다 깨고 바꾸라는 것은 아닙니다. 경제성을 평가하여 높은 것부터 차근차근 꾸준히 바꾸면 됩니다. 첫번째는 물값이 가장 비싼 해수담수화 물을 사용하는 섬지역이겠지요. 해수담수화 시설이 기름이나 전기를 사용하니까 변기를 바꾸면 물을 절약하는 동시에 기름이나 전기도 절약하게 됩니다.

두 번째는 화장실을 많이 사용하는 다중이용시설입니다. 지하철, 도서관, 주민센터, 공원 등의 공공화장실은 변기만 바꾸면 그 절약한 수도요금으로 1~2년 만에 투자비용을 회수할 수 있습니다. 그 다음부터는 남는 셈이지요. 그러한 사례가 많이 있습니다.

세 번째는 교육기관입니다. 학교는 화장실에서 물을 가장 많이 사용합니다. 수세변기를 절수형으로 바꾸면 일 년간 절약하는 상하수도 요금이 500만원 이상이 되어 그 비용으로 학생들을 위해 쓸 수 있습니다. 그리고 모든 학생들에게 자신이 하루에 사용하는 물의 양을 스스로 계산하게 하면 물절약에 대한 교육이 저절로 됩니다.

가정에서 물을 적게 쓰면 상하수도요금이 줄어듭니다. 혹시 이 절약되는 비용만큼만 상하수도요금을 인상하여도 시민들은 손해를 보지 않고도 더 좋은 상수도 서비스를 받을 수 있습니다.

변기에서 내리는 물의 양을 줄이면 환경오염을 일으키는 하수의 양도 줄이고, 그것을 운반하고 처리하는 비용도 줄일 수 있습니다. 댐을 만드는데 생기는 갈등도 줄일 수 있습니다. 이것이야말로 모두가 행복한 물 관리 정책이니 어느 누구도 반대할 이유가 없습니다. 지금부터 정부와 시민이 합심하여 '물 많이 쓰는 수세변기 깨기' 프로젝트를 제안합니다.

이번 명절 때는 다음과 같은 광고 카피가 나오길 기대합니다.

"명절 선물로 시골 부모님댁 수세변기
초절수형으로 바꿔 드려야겠어요"

수세변기를 깨서 돈을 법시다

소양강 댐의 수위가 6월 10일 현재 153.56미터로서 바닥이 보입니다. 보름 안에 비가 충분히 내리지 않으면 발전도 못하고, 농업용수 공급을 줄여야 합니다. 더 나빠지게 되면 초당 100톤씩 식수용으로 보내는 공급을 줄여야할 판이랍니다. 정부의 별다른 대책이 없는 것을 보면 현재의 소양강댐 수위를 지키는 묘수가 없나 봅니다.

댐의 수위가 떨어지는 원인이 비 때문 이라면 기우제를 지내는 것 외에는 (과학적인 근거는 없지만) 할 일이 없습니다. 하지만 우리의 평소의 물 과소비가 한몫 했다는 것을 알면 우리가 할 일은 있습니다. 이를 테면 스스로 물 사용량을 계산하고, 집집마다 물 사용량을 줄이고자 노력하는 정성을 들이는 것입니다. 물론 대규모 물을 쓰는 공장이나 농업분야에서도 물을 줄여야 합니다.

수세 변기에서 한번 쓰는 물의 양은 매우 작습니다. 하지만 모든 사람이 절수형으로 바꾸면 매일 절약되는 물의 양은 상당히 큽니다. 게다가 돈까지 벌 수 있습니다. 티끌모아 태산이라고 할까요? 다음의 사례를 한번 보겠습니다.

수세변기를 깨서 돈 번 사례

제가 있는 서울대학교 35층 건물의 5층 남녀 화장실 각 2개에 절수형 변기를 설치했습니다. 6개월간 사용했습니다. 변기마다 계수기를 달아 밸브를 누른 횟수를 재었습니다. 한 개의 변기에서

5,800번을 눌렀더군요. 한번 누를 때 13리터 쓸 것을 4.5리터로 바꾸어 한 번에 8.5리터를 줄였으니 일 년이면 100톤 가량 절약하고, 금액으로 치면 23만원 가량 절약한 셈입니다.

절수형 변기의 경우 물을 줄이는 것도 중요하지만 가장 적정량의 물로 막힘없이 위생적으로 처리하여 이용자가 불편함을 느끼지 말아야 합니

[수세변기 물 사용량을 측정하기 위한
계수기와 수도계량기]

다. 5,800번 누르는 동안 한 번도 막히거나 문제를 일으킨 적이 없다는 것을 확인한 서울대학교 시설과에서는 자신 있게 학교 내에 사용횟수가 많은 화장실의 변기를 시작으로 올해부터 바꾸기로 결정하였답니다. 그 다음해에도 예산을 반영하여 500개의 변기를 바꾸었답니다.

사무실이나 영업소에 적용되는 상하수도요금은 조금 더 비싸서 톤당 3,460원입니다. 사람들이 많이 오는 사무실의 경우 변기를 바꾸면 당장 관리비를 줄일 수 있습니다. 에너지도 줄어듭니다. 이

쯤 되면 수세변기를 깨서 절수형으로 바꾸는 사람이 애국자란 소리를 듣지 않을까 생각합니다.

얼마나 돈을 버는지는 변기 사용횟수에 따라, 설치된 변기에 따

■ 업종에 따른 서울시 수돗물 톤당 단가표 (서울시 상수도본부 홈페이지)(2020.2.2)

업종/ 구분	사용구분 (㎥)	상수 ㎥당 단가(원)	하수 ㎥당 단가(원)	물이용부담금 ㎥당 단가(원)	1톤당 단가 (원)
공공용	300초과	830	1,330	170	2,330
일반용	1,000초과	1,260	2,030	170	3,460

라, 또는 수도요금과 변기의 단가에 따라 다르기 때문에 복잡해 보입니다. 하지만 다음과 같은 공식만 차분히 따라하면 쉽게계산 할 수 있습니다. 다 같이 계산해 보실까요 핸드폰에도 계산기 기능이 있는 것 아시지요?

수돗물을 아끼는 것이 애국이고, 공공요금을 줄일 수 있다는 것

1년간 수도절감량(리터) = 일평균 사용횟수 X 365일 X (기존변기물사용량-4.5리터) = A
1년간 수도절감량(톤) = A/1000 = B
1년간 절감액 = BX단가 (수도사업소 단가 참조) = C
회수년도 = C/변기단가 = D

을 아시는 분은 벌써 계산을 시작할 것입니다. 이런 의견도 있습

니다. 다 좋은데, 지금 있는 새 변기를 바꾸는 것은 너무 아깝고 남의 이목도 있으니, 더 있다 교체하자고 합니다. 이것을 커피기계로 한번 비유를 해볼까요.

어떤 사람이 커피 값으로 하루에 13,000원씩 사용한다고 합시

서울대 35동 사례를 예를 들어 다시 계산하면,

기존의 13리터 짜리 변기를 하루에 평균 33회 사용하였으니,

- 1년간 수도절감량(리터)

  =33회/일X365일X(13리터-4.5리터)=102,382리터=A

- 1년간 수도절감량(톤)

  =102,382/1000(리터/톤)≒100톤=B

  ※1년간 절감액=100톤X2,330(원/톤)=23,3만원
  ※회수년도=30만원/(23,3만원/년)=1.3년

다(재래식 변기가 13리터, 즉 13,000cc를 사용하기 때문에 이 수치를 사용하였습니다). 그런데 커피기계를 사서 설치하면 4,500원으로 줄일 수 있습니다. 많은 사람들이 있는 사무실에서는 경제성을 계산해 본 후 당장 커피기계를 사다 놓을 것입니다. 오히려 더 기다렸다 사자는 사람은 이상한 사람이 될 것입니다.

수세변기도 이와 같습니다. 많이 사용하는 곳에서는 당장 바꾸

십시오. 그럼 1~2년 내에 투자비용이 빠지고, 그 다음에는 매년 돈을 번다는 것을 스스로 계산 할 수 있습니다.

수세변기 교체는 커피기계보다 더 빨리 결정을 내려야 합니다. 왜냐하면, 커피기계는 개인적인 이익만을 주지만, 절수형 수세변기는 개인적인 이익은 물론 공공의 이익까지도 가져다주기 때문입니다. 물을 적게 쓴 만큼 소양강댐의 물을 아껴서 꼭 필요한 다른 곳에 쓰도록 할 수 있습니다.

수돗물 만들고, 수도꼭지까지 보내는 전기(1톤당 0.3 kWh)를 줄이고 하수처리에 드는 에너지(1톤당 1.3 kWh)를 줄입니다. 우리 35동 건물의 변기 한 개만 바꾸어도 일년에 100톤을 절약했으니, 부가적으로 160 kWh의 전기도 절약한 셈입니다. 티끌 모아 태산이라고, 전국의 변기만 바꾸어도 원전 하나 줄이는데 크게 기여를 하게 됩니다.

물절약 비용은 정부에서 빌려줍니다

개당 30만원 정도 하는 초절수형 변기로 바꾸면 상하수도 요금을 줄이고, 1~2년 내에 그 투자비용을 회수할 수 있습니다. 그런데 예산이 없다고요 걱정마세요. 이를 위하여 정부(한국환경공단)가 물절약 비용을 빌려주는 WASCO제도를 만들었습니다. 이 제도를 이용하면 설치비용의 부담없이 절수형변기를 바꿀 수 있습니다. 1~2년 동안 절감된 비용으로 갚고, 그 이후는 그대로 이익이 됩니다.

　위의 공식을 이용해서 계산해보면 공공용은 하루에 50회, 일반용은 하루에 33회 이상 누르는 변기라면 1년 만에 모두 설치비용을 회수할 수 있습니다.

　사용횟수가 더 많은 곳에 설치하거나 기술 혁신으로 변기의 단가를 줄이면 회수기간이 짧아집니다. 특히 앞으로 상하수도 요금이 많이 오른다고 하니, 그때는 회수기간이 훨씬 더 줄어듭니다. 이 정도면 수세변기를 깨는 것이 돈을 버는 셈이니 지금 당장 수세변기를 깨러 나서야 하지 않을까요. 물문제의 해결방법은 의외로 쉽습니다. 모든 사람이 물에 관심을 가지고, 스스로 하루에 사용하는 물의 양이나, 수세변기 한번 내릴 때 물 사용량을 국민 모두가 계산 할 줄만 알면 됩니다. 그러면 가정에서도, 기업에서도 자연스럽게 물을 절약할 것입니다. 어떻게 하면 가장 효과적일까요?

　그 방안의 하나로 TV의 연예나 오락 프로그램의 작가님이나 PD님들께서 물 절약에 대한 내용을 재미있게 다루어 주실 것을 제안합니다.

　각자가 하루에 수세변기에 쓸 물을 10층까지 들고 계단으로 올라가는 단전 단수체험이라든지, 드라마에서 수세변기에서 물을 얼마나 쓰는지 계산하는 장면을 만들든지, 퀴즈에서도 물어보든지, 개그의 소재로 만들어 보든지 하는 것입니다.

　아니면 회사의 입사나 승진시험에 이러한 문제를 내면 모두가 관심을 가집니다. 서울대학교 입학시험에 나올지도 모른다고 하면 모든 학생들이나 학부모들이 계산해보겠지요. 이러한 방법으로 전 국민이 물 문제에 관심을 가지면, 현명한 정치가가 나서서 국민들이 원하는 법이나 정책을 만들어 주실 것을 기대해 봅니다.

절수형 변기를 사용해본 분의 불평을 요약하면 한 번에 시원하게 내려가지 않아 2~3회 눌러야 하기 때문에 기존 방식보다 물을 더 쓴다는 것입니다.

절수형 변기라고 다 같은 절수형이 아닙니다. 정부의 규정을 읽어 보면 '절수'에 방점을 두었지 '성능'과 관련된 시설기준은 부실합니다. 무늬만 절수인 실제로는 물을 낭비하는 가짜 절수형 변기가 팔리고 있습니다. 진짜인지 아닌지는 사용해 본 사람이 더 잘 압니다. 한 번에 잘 안 흘러 내려가거나 자주 막히는 경우가 있으면 그것은 가짜입니다. 이것을 해결하기 위해서 과학과 기술이 필요한데 이것은 다음번에 설명 드리도록 하겠습니다.

변기와 배관의 구조를 알면 막힘의
원인을 공학적으로 해결할 수 있다

수세변기 바꾸는 것은
영토를 지키고 후손을 위하는 길

홍도의 화장실을 다녀오다

지난 주말 서해의 끝자락에 있는 아름다운 섬 홍도를 다녀왔습니다. 관광은 둘째이고, 물 사정을 살피고, 수세변기를 보러 갔습니다. 목포에서 쾌속정으로 2시간 반 걸려 도착한 홍도는 고운 섬입니다. 주민들과 등대를 지키는 직원은 우리나라 서쪽 영토의 끝단에서 영해를 지킨다는 자부심이 가득했습니다.

[전남 신안군 홍도의 항공 사진]

만약 살기 힘들다고 주민이 모두 육지로 나와 버리면, 홍도를 포함한 주위의 바다까지 잃어버려 우리나라의 영토가 줄어듭니다. 이곳 주민들이 천혜의 자연 자원을 잘 활용하여 자손만대까지 행복하게 살도록 하는 것이 우리나라의 영토를 지키는 길입니다.

배에서 내리자마자 일행이 우와 멋지다를 연발하는 동안, 저는 공중화장실부터 갔습니다.

화장실의 외모는 아주 예쁘게 잘 만들어져 있었습니다. 저의 관심은 수세변기. 절수형과는 거리가 먼 13리터짜리 변기가 버티고 앉아 있더군요. 절수변기를 다룬 수도법은 2012년 7월 1일 이후의 건축물은 6리터이하의 변기를 의무적으로 설치하도록 했습니다(이 법의 맹점은 변기의 "용량"기준만 6리터 이하라고 했지 "성능"기준은 다루지 않았습니다).

[홍도의 공중 화장실]

따라서 두번 세번 내려야 하는 나쁜 성능의 변기라도 크기만 절수형이면 합격이라는 것입니다.

[홍도 공중 화장실에 있는 수세변기]

홍도의 절경을 보려고 매년 약 30만명의 관광객이 찾아옵니다. 관광객이 머무는 동안 수세변기의 물을 하루에 평균 5번씩 내린다고 가정하면 하루에 13리터/회 × 4,110회 = 54톤, 일 년이면 20,000톤의 물이 필요합니다. 이 물이 모두 다 어디서 나올까요. 수세변기를 거친 하수는 어디로 가고 어떻게 처리할까요?

홍도의 물 현황

섬은 육지에 비해 물이 부족합니다. 특히 인구 1,000명 이하가 사는 한국의 섬 치고 강이나 커다란 저수지를 보유한 곳을 찾기 어렵습니다. 오로지 빗물, 지하수 및 행정선에 의존합니다(어떤 섬은 인근 큰 섬에서 바다 밑으로 수도를 연결하기도 합니다).

관광객을 섬으로 유치하려면 물 문제를 해결해야 합니다. 사방에 널린 게 바닷물인데 뭐가 걱정이냐고요? 홍도에서도 물을 공급하려고 바닷물을 정화하는 해수담수화 시설을 만들었습니다. 1차는 실패를 했다고 합니다. 20,000mg/L인 해안가의 고염도 지하수를 먹는 물 수준인 100mg/L정도까지 낮추는데 물 1톤당 10kWh정도의 에너지를 씁니다.

광역상수도에서 수돗물 1톤 당 사용하는 0.24kWh와 견주면 에너지가 41.6배 더 드는 셈입니다. 부속품 교체를 해야 하고, 전문가도 없어서, 한번 망가지기라도 하면 섬 주민과 관광객은 물이 없어서 고생을 해야 합니다.

다음 대안이 저염도 지하수입니다. 섬의 지하수는 바닷물의 영향을 받아서 짭니다. 염도를 재면 약 5,000mg/L정도입니다. 식수로 만드는데 드는 에너지는 35,000mg/L짜리 바닷물보다 적게 듭니다. 그렇다고 이것이 대안일까요?

섬에서 지하수를 퍼올려 쓸 때는 지속가능성을 따져야 합니다. 이 지하수가 천년만년 나올까요 지하수가 만들어진 경로를 알면 이해가 쉽습니다. 바다 한가운데 떠있는 섬의 밑에는 담수 주머니가 있습니다. 수 만년동안 빗물이 섬의 토양을 통해서 들어가서 바닷물과 경계를 이루고 있습니다. 이 주머니에 있는 담수를 퍼 쓰게 되면 주머니가 쪼그라 듭니다. 쪼그라진 곳에서 지하수를 퍼 쓰면 짠 바닷물이 나옵니다. 이것을 해수의 지하수 침입이라고 합니다.

일단 해수가 침입하게 되면 짠 물로 담수를 만들때 엄청난 돈과 에너지가 들게 됩니다. 만약에 전기가 끊어지거나 기름이 제때 공급이 안 된다면 물을 못 만듭니다. 섬이 사막과 같이 됩니다. 관광은 커녕 주민들마저 살지 못해 섬을 비워야만 합니다. 그런 일은 당장 닥쳐올 수 있습니다. 섬지방의 지하수를 빼내어 펑펑 쓰는 것은 서서히 덥혀지는 물속에서 뜨거움을 느끼지 못하고 있다가 죽어가는 개구리 신세와 같습니다.

섬이나 해안지역의 도시에서 해수의 지하수 침입으로 인해 살던 곳을 떠나야 했던 사례가 전 세계에서 발생하고 있습니다. 홍도는 물론 우리나라의 모든 섬에서 이런 문제가 이미 생겼거나 앞으로 터질 수 있습니다.

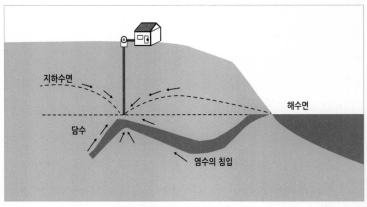

[섬지방에서 해수의지하침투 모식도]

섬 주민은 전통적으로 빗물을 잘 사용해 왔습니다. 지금은 빗물을 잘 사용한다는 개념이나 시설이 모두 다 없어져 버렸습니다. 육지 식으로 물을 관리했기 때문입니다. 지붕이나 도로에 떨어진 빗물은 모두 다 빨리 바다로 버리고 있어 섬 전체가 건조합니다. 모아서 지하수 주머니에 차곡차곡 쌓아 놓아야 할 텐데 그러지 못하고 있습니다. 설상가상으로 이 주머니에 모아놓은 지하수를 퍼서 에너지 많이 들어가는 해수 담수화를 하고 있습니다.

비유하자면 수입은 점점 줄어드는데 지출만 팍팍 더 많이 하는 가정의 통장잔고를 보는 것과 같습니다. 그렇게 금쪽같은 지하수를 퍼서 식수로 만든 다음 수세변소로 사용하는 것은 너무 아깝지 않을까요. 그것도 아주 큰 13리터짜리 변기에서.

섬에서 육지처럼 물을 사용하는 것은 뱁새가 황새를 쫓다가 가랭이가 찢어지는 격입니다. 상수도에 드는 비용의 많은 부분을 국가와 지방자치단체가 보조한다고 하니 당장은 괜찮습니다. 하지만 보조가 언젠가는 줄어들 것입니다. 수익자 부담의 원칙으로 자부담 비율이 늘어나면 손자손녀들이 가끔씩 찾아와도 물이 없어서 돌아가야 하든지, 자신들이 마시거나 화장실에 쓸 물을 이고 지고 메고 와야 할지도 모릅니다. 무인도를 촉진하는 물 관리 정책이 우리나라의 영토를 줄어들게 할지도 모릅니다.

수세변기에서 나가는 물은 어디로 갈까요. 바다를 오염시키니까 처리해서 내보내야지요. 홍도의 처리장은 반대편 산 너머에 있습니다. 관로를 만들어 펌프로 보내야 합니다. 돌로 된 섬이라서

2장 수세변기는 물을 너무 많이 씁니다 _ 55

공사비용이 비쌉니다. 처리하는데 드는 에너지, 약품비 등도 많이 듭니다. 운전을 잘못하면 아름다운 자연이 처리하지 않고 내버린 오수로 인해 서서히 망가지게 됩니다. 만약 초절수형의 변기를 쓰게 되면 운반이나 처리해야 하는 양이 줄어들어 비용이 줄어듭니다. 수세변기를 거쳐 바다로 버려지는 양이 2/3가량 줄어듭니다.

후손을 위해서 수세변기를 바꾸자

홍도의 수세변기를 바꾸는 것은 돈이나 에너지만의 문제가 아닙니다. 후손이 써야 할 지하수를 우리 세대가 일시적으로 편하자고 흥청망청 쓰는 것이니, 사회적 책임의 시각에서 접근해야 합니다. 우리 손주가 홍도에서 불편하지 않게 지내고, 절경을 감상하며 대한민국의 아름다움에 반하도록 하려면, 최소한 섬안의 모든 변기를 초절수형 수세변기로 바꾸어야 합니다.

한번만 바꾸면 별도로 신경을 쓰지 않고도, 불편함이 없이 돈과 물을 절약할 수 있습니다. 또한 빗물과 연계시켜서 우기에는 공짜인 빗물을 사용하고, 건기 시에는 기존의 방법을 사용하면 더 효율적입니다.

지붕의 빗물을 받아서 사용하고, 땅속으로 침투시켜 지하수 주머니를 채워 넣어야 합니다. 이를 뒷받침하기 위해서 정부에서는 정책을 바꾸어 섬지방의 특색을 살린 새로운 패러다임의 물관리 방법을 보급하여야 합니다.

이와 같이 물을 아끼고, 빗물관리를 잘해서 지하수를 보전하는 일은 육지에서도 필요한 일입니다. 오히려 섬에서 만든 절수형 물 관리 개념과 정책을 육지사람들이 배워서 물을 아끼고 지하수를 보전하여야 합니다.

특히 앞으로 물부족 시대가 온다면서요. 사랑하는 후손을 위한 손쉬운 첫 번째 실천은 수세변기를 초절수형으로 바꾸는 것입니다.

가뭄을 부채질하는 수세변기

가뭄이 심각합니다. 속초시는 17일부터 밤 10시부터 오전 6시까지 제한급수를 실시 중입니다. 트럭, 소방차에 심지어 레미콘 차까지 동원하여 가뭄 해소를 위해 노력합니다. 하지만 받은 물은 이내 바닥이 나서 자주 물을 날라야 합니다.

가뭄에 시달리는 주민은 나름대로 설거지, 빨래, 청소 등의 물을 줄이고, 다시 쓰는 등의 노력을 합니다만, 생리현상인 화장실 가는 횟수는 줄일 수 없습니다. 기존의 큰 수세변기(13리터/회)를 이용하는 화장실은 이 노력을 수포로 돌아가게 합니다.(PET병이나 벽돌을 넣어서 물 양을 줄이지만 줄인 만큼 시원하게 내려가지 않아 한 번 더 누르게 됩니다). 어렵게 받은 금쪽같은 물이 모두 다 하수로 바뀝니다. 대충 계산하면 트럭 등으로 받은 물의 30%이상은 수세변기가 잡아먹고 있습니다.

한편 지하수 관정을 추가로 뚫는 것을 대안으로 제시하기도 합니다. 지하수를 많이, 깊이 뚫을수록 기존 관정의 지하수위가 낮아집니다. 이전에 만든 얕은 깊이의 관정은 기능을 못합니다. 아랫물 빼서 윗물 마르게 하는 셈입니다. 혈세인 예산을 풀어서 해갈이 아니라 갈증을 더 심화시키는 방법입니다. 이것은 땅 바닥이 갈라지고, 모가 누렇게 뜰 때마다 자주 TV에 등장하는 장면입니다. 가뭄을 해소하는 새로운 패러다임이 나오지 않는 한, 내년에도 마찬가지 장면이 연출될 것이고 국민의 세금이 또 그렇게 갈라진 흙 바닥 사이로 새어나갈 것입니다.

[긴급 급수지원차량]

가뭄과의 전쟁

정부와 각 지자체는 가뭄대책반을 가동하며 가뭄 극복을 위한 노력에 안간힘을 쓰고 있습니다. 주민들 생활에 불편함이 없도록 생활용수를 중심으로 소방차, 군용트럭, 시위진압용 물 공급차량까지 동원하여 물을 날라다 줍니다. 식수는 병 물을 나누어 준다고 합니다.

그렇게 가뭄과의 전쟁을 치루면서 단비를 기다리다가도, 어떤

때는 단비가 너무 많이 와서 홍수가 나기도 합니다. 그러면 홍수
와의 전쟁으로 바뀌는 신세이니 열심히 한들, 표도 나지 않고 생
색도 나지 않습니다. 정부 조직은 힘이 빠집니다. 제대로 된 정책
을 기대하기 힘들게 됩니다. 슈퍼컴퓨터로 기후 예측을 하는 최첨
단 시대에 하늘의 처분에만 기대는 방식은 원시적인 농경시대의
방식과 다르지 않습니다.

　가뭄이라는 전쟁에서 이기려면 적을 알고 나를 알아야 합니다.
이에 맞춰 전략을 세우고 근심을 없애는 새로운 패러다임의 접근
이 필요합니다.

[국가 가뭄대책회의]

적을 아는가?

　가뭄과의 전쟁에서 적이란 비가 적게 와서(서울의 기준으로)소
양강 댐에 물이 적게 남은 현상을 말합니다. 소양강에 물이 없어

진 사진만을 감성적으로만 보여줄 것이 아니라, 이성적으로 사라진 과정을 차분하게 살펴봅시다. 소양강 댐의 수위를 예금 통장의 잔고라고 여기면 이해가 빠릅니다. 통장의 잔고(소양강 댐의 수위)가 바닥이 나는 이유는 수입(강수량)이 줄고, 지출(물소비량)이 많아졌기 때문입니다. 올해만의 지출만이 아니고 과거부터 지금까지 많이 쓴 결과입니다. 해결책은 돈을 많이 벌어오든지, 돈을 적게 쓰는 것입니다.

비가 적게 오는 것은 하늘의 뜻이니 어쩔 수 없습니다. 하지만, 내린 빗물을 모으는 양을 늘리고, 흘러가는 속도를 더디게 할 수 있습니다. 홍수시 팔당댐에서 수위 조절을 위해 초당 1만 톤씩 방류한다고 하면 이때 버리는 물의 양이 하루에 8억 6천만 톤입니다(하루는 86,400초). 잠수교가 2-3일 잠기는 경우를 보면 수십억 톤의 물이 그냥 바다로 버려지는 셈입니다. 빗물의 일부분만 이라도 떨어진 지역에서 모으고, 가두고, 머금게 하면 버려지는 물 낭비를 줄일 수 있습니다.

국토교통부에서 세운 우리나라 수자원계획을 보면 손실량 42%와 바다로 흘러가는 양 32%가 헛되이 없어집니다. 현재의 빗물 사용량은 26%입니다. 그 수치를 5%만 올려서 31%로 만들면 지금처럼 심각하게 고민하지 않아도 됩니다. 비가 더 오지 않더라도 수입이 지금보다 20% 포인트 늘어나는 셈입니다. 목표치를 더 크게 잡으면 더 많은 빗물을 모을 수 있습니다. 손실량과 바다로 흘러가는 양을 어떻게 더 잡아서 쓰냐고요 그것은 전문가인 과학자와 공학자에게 맡겨주십시오.

두 번째는 지출을 줄이는 것입니다. 생활용수, 공업용수, 농업용수 중 많이 쓰는 쪽에서부터 줄일 수 있는 방안을 찾아야 합니다. 그중에서 가장 쉽고, 빠르고, 비용이 적게 드는 것이 바로 집집마다 버티고 앉아 있는 '물먹는 하마' 기존 수세변기입니다. 이것을 초절수형 수세변기로 바꾸든지 물을 안 쓰는 변기를 사용하면 지출을 줄이는 셈입니다. 이렇게 하면 돈도 벌고, 후손도 살릴 수 있습니다.

■ 우리나라 수자원 부존량

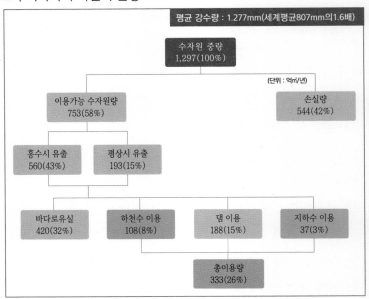

나를 아는가?

가뭄과의 전쟁에서 나를 아는 것은 내가 물을 얼마나 쓰는지를 아는 것입니다.

당신은 하루에 물을 얼마나 쓰십니까(조사치마다 숫자가 다소 변하지만 최소 280리터 이상). 그중에서 수세변기에 얼마나 버리고 계십니까(수자원 공사의 자료에 따르면 21%). 여러분 자신은 물론이고, 정부의 지도자나 물 관련 정책을 하는 분들께 한번 물어 보십시오. 모든 사람이 물을 많이 쓰는 것을 알고, 그 규모를 스스로 계산 할 줄 아는 순간 가뭄을 대비하는 첫 단추를 바르게 꿴 셈입니다.

2011년에 개정한 수도법에는 숙박업, 목욕장업, 체육시설업을 영위하는 자와 공중화장실을 설치하는 자는 절수형 기기로 바꾸도록 되어 있으나, 그 법이 제대로 시행되고 있지 않습니다. 설치 안하면 300만원 이하의 과태료까지 물어야 하는 데도 말이죠. 서울시를 비롯한 대부분의 지방자치단체는 절수기기 조례가 없습니다. 법 따로 시행 따로인 셈입니다.

제가 인터넷에 쓴 글에 대한 댓글을 보면 절수형변기를 사용한 분들이 불만이 많습니다. 그 이유는 수도법에 용량만 6리터라고 했지 성능은 정해주지 않았기 때문입니다. 두세 번 눌러야 하는 절수변기는 오히려 해가 됩니다. 물 산업을 육성한다고 돈을 많이 투입하였지만, 절수에 대한 연구나 기업체의 육성은 미미합니다. 태양광 시설을 하여 전기를 절약하면 경제적 지원해주는 것과 같은 정책이 물절약 분야에는 전무합니다.

가뭄과의 전쟁에서 가장 제압이 빠르고 쉬운 적은 수세변기입니다. 사용에 불편함이 없는 성능이 좋은 절수형 수세변기나 무수형 소변기를 최우선적으로 보급하여야 합니다. 그런 다음 물을 사용하는 농업이나 공업등 모든 분야에서 물을 절약하는 방안을 가뭄대책으로 만들어야 합니다.

가뭄재난 컨트롤 타워가 필요합니다

지금까지 쭉 해왔던 방법으로는 답이 안 나옵니다. 과거 30년간 숱한 정책과 예산을 썼습니다. 해결이 쉽지 않습니다. 각 정부부처의 이해관계를 조정하거나 업무영역을 바꾸고자 하지 않기 때문입니다. 부처 이기주의라고 하지요.

홍수 정책을 하는 쪽은 빗물을 빨리 내버리는 시설을 만들려고 합니다. 가뭄 대책은(빗물을 다 버린 후)지하수를 파서 모아야 하는 생각이라서 아귀가 안 맞습니다. 사업비의 규모가 부처의 힘이라고 생각하는 환경에서 자발적으로 사업규모를 줄이기를 기대하기 어렵습니다.

개발 부처를 총괄하는 상위 기관이 종합적인 계획을 세워서 방향을 정하고 조정하는 컨트롤 타워가 필요합니다. 가뭄이나 홍수를 자연재난의 차원으로 종합적으로 생각하는 부서가 가장 적합

합니다. 국민의 안전이 최우선이니까요.

빗물을 최대한 모으고, 비상시 여러 종류의 용수 배분의 우선순위를 정하고, 국민의 눈높이에 맞춘 홍보와 교육을 실시하고, 시민들의 협조를 유도하는 등 새로운 패러다임의 물 관리를 제안하고 시행하여야 합니다. 그것을 위한 연구개발도 필요합니다. 이것이 바로 가뭄과의 전쟁에서 이길 수 있는 길입니다. 또한 앞으로 다가올 기후위기에 대응하는 길이기도 합니다.

면적이 넓은 산지에서 빗물관리가 필요하다.
치산치수에서 치산이 앞에 나온 이유임

절수형인 듯 절수형 아닌
환경부의 절수 정책

가뭄이 심해 소양댐이 바닥이 나고 지하수도 말랐다고 합니다. 유일한 대책은 비만 기다리는 것입니다. 하늘에서 모처럼 비를 주어도 받지도 못하고 다 흘러버리면서 말입니다.

마른 소양댐을 바닥난 통장잔고로 보면 답이 나옵니다. 지출을 줄이듯이 물을 절약해야 합니다. 바닥이 날 때 가서야 난리를 칠 것이 아니라 평소에 아껴야 합니다. 비가 올 때 마다 떨어진 자리에서 빗물을 지하에 넣어 지하수를 보충해야 합니다. 적금을 붓는 셈이지요. 지붕에 떨어지는 빗물을 모아서 가정에서 쓰면 소양댐에 손을 덜 벌리게 되어 가뭄에 대비하게 됩니다.

우리나라와 다른 나라 물 사용량의 비교

수치로 보면 우리나라는 다른 나라에 비해 물을 많이 씁니다. 물 부족 국가라면 더욱 아껴야 하는데, 오히려 남들보다 더 많이 씁니다. 물 사용량을 비교하기 위한 지표로 LPCD(일인일일 물사용

량, liter per capita day)를 씁니다. 이것은 우리나라 전체 년 간 물
사용량을 인구수와 365일로 나눈 것입니다.

다음 표는 2015년 기준의 LPCD 수치입니다.

[외국과의 물사용량 비교표]

우리나라는 독일, 호주보다 물을 두 세배나 많이 사용합니다. 선
진국에서는 물 사용량이 점점 더 줄어드는 추세에 있습니다. 그들
은 어떤 노력을 할까요. 컴퓨터를 모르면 컴맹이라고 하듯이 우리
는 물을 잘 모르는 물맹이 아닐까요?

외국의 절수 정책

미국환경청(USEPA)의 절수정책을 볼까요?

가정에서 사용하는 모든 급수기기의 성능을 매겨 Water Sense 라는 인증제도를 두어, 기준에 맞는 제품에 마크를 붙입니다. 바로 소비자들이 선택을 할 수 있게 만든 것입니다.

좋은 제품은 소비자들이 선호 하는 법, 물 많이 쓰는 기기는 시장에서 자연스럽게 퇴출됩니다. 그러기 위해서는 소비자들이 알아야 하므로 홍보와 교육을 열심히 합니다.

[미국의 환경보호청의
Water Sense 마크]

독일의 LPCD는 2010년 까지는 100리터이고, 앞으로 그 수치를 80리터로 줄이겠다고 합니다.

이 목표가 말이 안 된다고요. 자동차 연비를 예로 들어보겠습니다.

처음에 유럽에서는 이 수치를 가혹하게 매겼더니 기업들이 불평이 많았습니다. 하지만, 지금은 오히려 그 수치 때문에 국제적인 경쟁력을 가지게 되었습니다. 마찬가지로 효율 좋은 변기나 절수장비는 처음에는 기업에서 힘이 들지 모르나 나중에는 세계시장을 주도할 수 있습니다. 바꾸어 말하면 절수를 안 하면 세계시장에서 퇴출됩니다.

절수의 기본원칙은 시민들이 불편을 느끼지 않고 추가로 경제적 부담을 주어서는 안 됩니다. 아마도 외국에서도 성공한 사례를 보면 기술적, 교육적, 홍보적 사례를 벤치마킹할 수 있습니다.

우리나라의 "말로만" 절수 정책

　우리나라 환경부의 수도법 제 3조 제 30항에는 "절수설비(節水設備)란 물을 적게 사용하도록 환경부령으로 정하는 기준에 맞게 제작된 수도꼭지 및 변기 등 환경부령으로 정하는 설비를 말한다" 라고 되어 있습니다. 그런데 정작 시행령에는 그런 내용이 선진국에 비해 매우 미흡합니다.

　서울시를 비롯한 지자체치고 절수조례를 만든 곳은 한군데도 없습니다. 환경부의 직무유기가 아닌가요? 전 세계 물산업 시장에서, 300 LPCD기준의 물 많이 쓰도록 하는 기술은 100 LPCD 기준의 물 적게 쓰는 기술보다 경쟁력이 없습니다. 우리 물산업 기업을 키우기 위해서라도 절수에 집중적인 관심과 투자가 필요합니다.

절수형 아닌 "무늬만" 절수변기

　수도법에 신규건물은 6리터 이하짜리 변기를 의무화하였지만 실제로 물사용량을 재보면 6리터를 넘습니다. 시장에 가면 미제가 있는데 절수형이 아닌 것이 많습니다. 아마도 미국의 시장에서 퇴출된 제품을 싸게 들여와서 팔수도 있겠지요. 기업측에서는 새로 생산라인을 만들려면 자본을 투입해야 하므로 꺼려하는 것은 사실일 것입니다. 재고 처분문제도 있기 때문입니다.

　환경부나 수자원공사나 수도사업소에서는 물을 아끼자고 홍보는 많이 합니다. 그런데 그 내용에 변기교체나 빗물이용은 없습니다. 단지 변기에 벽돌을 넣는다든지 양치질할 때 컵을 쓰라는 이야기 밖에 안합니다(2017년 환경부 포스터 참조).

벽돌 한 장 넣는 것은 1리터 줄이는 것이지만 (그것도 가끔 망가져서 두 번씩 누르는), 변기를 교체하면 한번에 6리터, 하루에 40리터 정도는 문제없이 줄일 수 있습니다. 양치할 때 컵을 쓰면 1리터 정도 줄입니다. 가장 많이 줄일 수 있는 메인은 빼놓고 흉내만 내는 깍두기만 홍보하는 셈이지요. 몰라서 그럴까요, 아니면 알고도 그럴까요.

2019년 절수포스터를 보면 절수변기를 쓰자고 하는 이야기가 처음으로 나옵니다. 선진 외국에서는 3~4ℓ짜리 변기를 이야기하는데, 환경부에서는 9ℓ짜리 6ℓ짜리 수세변기 이야기를 하는 것

[2017 환경부 포스터]　　　　[2019 환경부 포스터]

을 보면 아직도 정신을 못 차리고 흘러간 옛 노래를 부르는 것 같습니다.

절수를 싫어하는 단체들이 있습니다. 아마도 절수하면 손해를 보는 사람들, 또는 물이 부족 해야만 이익을 보는 사람들이겠지요? 이분들의 처지도 이해는 갑니다. 하지만 개인이나 집단의 지속 가능성보다는 사회의 지속 가능성을 먼저 생각해야 하지 않을까요?

어떤 사람들은 자신은 절수를 잘 한다고 생각하지만 실제 수도 요금 고지서로 계산해서 비교해보면 절수가 아닙니다. 또 어떤 사람들은 내가 내 돈을 내고 쓰는데 물을 많이 쓰건 말건 웬 참견이냐고 합니다. 또는 절수형으로 바꾸고 싶은데 장치, 재료, 배관기술자가 없고 비싸다고 합니다. 시장이 형성되지 않은 셈이지요.

하지만 내가 물을 많이 쓰면 내년에 쓸 물이 없어지고, 다른 사람이 못쓰고, 우리 후손이 못쓰게 됩니다. 불편하지 않는 한도에서 좀 협조가 안 될까요? 시민, 정부, 기업이 함께 노력해서 절수형 사회가 되어야 합니다. 모든 시민들의 마음을 모아 생활용수를 절약한 실력으로 공업용수도, 농업용수도 효율적으로 줄일 수 있습니다.

대한민국 절수정책(2030-230)

선진국은 물을 효율적으로 사용하는 정책을 가지고 있습니다.

정부(특히 환경부)에서는 절수를 정책의 최우선 과제로 선정하고, 목표치를 정하고 그에 따라 정책의 로드맵을 만들어야 합니다. 수도법에 근거하여 절수기기를 확산해야 합니다. 절수기기의 성능기준을 제시하고 절수산업을 지원하고 육성해야 합니다.

물재이용촉진법에 있는 대로 빗물이용도 더욱 적극 확산해야 합니다. 아파트의 각 동마다 지붕에 떨어지는 빗물을 책임지고 받아서 용수를 줄이거나 땅속으로 집어 넣어 지하수를 보충하는데 도움이 되도록 하여야 합니다.

지자체에서도 절수조례와 빗물조례를 만들어 지역에 맞는 제도를 만들어 가야 합니다. 정부에서는 지자체별로 컨테스트를 하여 잘한 사례를 포상하고 권장하도록 해야 합니다.

기업들도 자발적으로 기술개발을 하여 기준에 맞지 않는 설비는 퇴출하여야 합니다. 세계로 진출하려면 물 적게 쓰는 기술이 진짜 돈을 벌 수 있는 기술입니다. 시민들도 "불편을 느끼지 않고 추가비용이 들어가지 않는 한" 최대한 자발적으로 물을 아끼는데 동참하여야 합니다. 그러면 다음 선거 때 선견지명이 있고 의식 있는 후보자들은 모두 다 절수형 사회 만들기를 공약으로 제시할 것입니다. 시민들이 무엇을 원하는지 알기 때문입니다.

가장 중요한 것은 이와 같은 내용을 초등학교나 중학교의 교과서에 넣고 교육해서 물부족에 대비한 미래시민을 키우도록 하여야 합니다.

KBSⅡ방송국의 개그콘서트 프로중에 다이어트에 성공한 헬스보이가 있었습니다. 성공의 비결은 본인도 열심히 했지만 정확한 목표시간과 목표치의 설정, 주기적이고 투명한 시민들의 체크와 격려, 창의적인 아이디어, 올바른 트레이너입니다.

절수도 마찬가지입니다. 정부는 트레이너의 역할을 하면서 정확한 목표치를 세우고, 예산을 배분하는 정책을 세웁니다. 물론, 시민들도 창의적인 아이디어를 내면서 선진시민이 되기 위한 물 절약 트레이닝에 함께 동참하는 것입니다. 시민들은 주기적으로 정부의 물 사용량절감 실적을 체크하고 격려 해 줍니다. 절수를 하면 가뭄을 줄여 모든 사람들이 행복할 것입니다. 절수를 꺼려하던 기존의 물 사업자와 물 전문가들에게는 눈을 외국으로 돌려 새로운 제품을 만들어 시장을 개척하도록 하면 그들도 행복할 것입니다. 이 정책에서는 모두가 행복해 질수 있습니다.

대한민국의 절수목표치를 2030년까지 일인일일 물사용량을 230리터로 줄이는 것을 목표로 제안하고자 합니다. 이 목표에 따라 투명하게 예산과 정책을 만드는 것입니다. 독일의 100리터에 비하면 그리 어려운 목표는 아닌듯 합니다. 기술도 있고, 여러가지 성공 사례도 있습니다.

시민들의 결심과 정부의 정책적인 의지만 있으면 만들 수 있습니다. 올 년말 건배사는 이렇게 하면 어떨까요 먼저 이공삼공(2030) 선창하면 여러분은 이삼공(230) 하고 답해주세요.

맹물에서 진국으로

최 의 소
고려대학교 (전)토목공학과, 건축사회 환경공학부 명예교수

한무영 교수는 그동안 빗물과 같은 맹물에 관심을 가지다가 이제는 진국에도 관심을 넓히는 것 같아 환영하는 마음입니다. 맹물보다는 훨씬 다채롭고 재미있고 복잡한 분야라 할 일도 많습니다. 한교수의 책으로 하늘에서 내리는 빗물을 이용하는 방법을 많은 사람들에게 알게 해준 것과 마찬가지로 이 책을 통해서 진국(분뇨)에 대해서도 좀 더 이해하고 접근하는 기회가 열려 지길 바라는 마음입니다. 누구나 하루도 빠짐없이 방문하는 곳이 화장실인데 버리는 것없이 사용할 수만 있다면 얼마나 좋을까 하는 생각입니다.

우리나라에 수세식 변소가 보급되기 시작한 것이 아마 70년대 초로 기억되는데 당시 모두 재래식 변소였고 그 때에 우리가 먹었던 김치는 모두 변소로부터 공급된 비료로 기른 유기농이었습니다. 모두 회충약을 먹어야 하던 시절이지요. 경제개발 계획에 따라 인구가 도시로 집중하여 농지환원에 의지하던 분뇨를 처분할 방법이 없어 분뇨처리장이 건설되었는데 88 올림픽을 계기로 수세식 변소를 적극적으로 보급하여 지금은 재래식 변소를

찾기가 어렵지요. 연구를 하려고 해도 구하기가 어려운 현실입니다. 분뇨 처리장도 하수처리장으로 대체가 되어 화학비료와 농약을 사용하는 농작물이 일반적인데 이를 사용하지 않는 유기농이 요즈음은 각광을 받고 비싸게 팔리고 있으나 아마 인분뇨는 사용을 하지 못하고 있지 않나 하는 생각이 듭니다. 인분뇨나 하수를 사용하는 데에 따른 심리적인 부담 때문일 것입니다. 이 장벽을 넘을 수 있는 그 어떤 방법이 모색되었으면 하는 것이 우리 모두의 관심사입니다. 미국은 실리적으로 하수 슬러지(찌꺼기)를 농경지에 이용하고 있으나 구라파는 이용을 금하고 있고 우리나라도 마찬가지로 농지 활용을 금하고 있습니다.

분뇨를 농지에 환원하던 시절에는 현재 우리의 골치거리인 하천이나 호수의 녹조류 문제가 없었으나 하수처리장을 주축으로 한 후에 문제가 된 것입니다. 녹조류 문제는 기본적으로 영양소 즉 비료 문제인데 분뇨내의 이 성분이 하수로 배출되면서 문제가 되는 것이지요. 아예 처리된 물과 함께 찌꺼기도 비료로 사용할 수 있으면 정말 좋을 것 같다는 생각이 들 때가 많지요. 한 예가 이스라엘인데 하수를 재활용해서 척박한 땅임에도 불구하고 양질의 농산물을 수출하는 나라가 되었다고 합니다.

많은 사람들이 이 책을 통해 우리가 인공적인 것에 너무 의지하지 말고 자연 친화적인 삶을 추구하는 계기가 되길 바랍니다. ⊞

수세변기와 빗물에서 인류의 물문제
해결책을 찾아보다

Chapter 3

수세변기는 수질오염의 시작점

녹조대책은 수세변기와 빗물관리

어느 마을에 아름다운 호수가 있었습니다. 시인들이 와서 시도 짓고, 화가들은 그림을 그리러 옵니다. 과거 수백 년 동안 가뭄과 폭염에도 문제없이 견뎌오고 주민들에게 안식처를 만들어준 듬직한 호수였습니다. 그런데 최근에 이 호수에 문제가 생겼습니다. 녹조가 끼고 냄새가 나기 시작한 것입니다.

어떻게 하면 이전의 상태로 회복시킬 수 있을까요. 여러 가지 대책을 이야기합니다. 하지만 원인을 정확하게 알아야 올바른 해답이 나옵니다. 엉뚱한 방향을 잡으면 돈만 들고 효과는 없습니다. 이런 것을 해결하기 위해 과학이 있고 공학이 있습니다. 과학으로 올바른 진단을 해보지요.

아마 이 글의 제목을 읽으시고, 일부 독자분들의 "뭐든지 수세변기가 원인이라고 매도하느냐", "변기를 팔아먹으려고 하느냐", "산성비가 무슨 대책이냐", "빗물관리는 댐에서 하고 있다" 등의 댓글이 예상됩니다.

하지만 저는 녹조발생의 원인을 과학적으로 규명하고, 공학적인 대책을 말하고자 합니다. 과학에는 과학으로 댓글을 달아 주셔야만 대화가 통하고 설득력이 있습니다.

논리가 정연하고, 사용된 공식과 거기에 대입하는 수치가 맞으면 과학에서는 누구든지 맞고 틀리고를 알 수 있기 때문입니다.

목소리만 크다고, 또는 다수결로 답이 나오는 것은 아닙니다. 혹시 다른 의견이 있다면 과학적인 논리나 수치를 이용하여 의견을 주시기 바랍니다. 다같이 머리를 맞대고 현실적인 대책을 마련해야 하기 때문입니다.

우선 초등학교 과학시간에 배운 "소금물의 농도"를 복습해 봅시다. 여기 소금물이 들어 있는 컵이 있습니다. 같은 부피에서는 소금의 양이 많을수록 짜지고, 같은 소금의 양에서는 컵 속의 물이 적을수록 짜집니다.

이것을 간단한 공식으로 표현하면,

$$C = M/V$$

여기서 C는 소금물의 농도(g/L), M은 소금의 양(g), V는 물의 부피(L)입니다. 이것만 기억해 두시면 아래에 적은 내용을 모두 다 이해 할 수 있습니다. 짜지 않도록 하기(농도 C를 줄이기)위해서는 소금의 양을(M) 줄이거나, 물의 부피(V)를 키우면 됩니다.

녹조의 원인은 질소(N)와 인(P)

녹조는 질소(N)와 인(P)의 농도가 높을 때 생깁니다. 호수의 경우 질소와 인은 근처에 있는 공장, 농업, 가정에서 발생합니다. 공장에서 수질기준을 정해 놓고 그것을 지키면 양을 줄일 수 있습니다. 농업에서 비료사용을 규제하면 줄어듭니다.

[소금물이 들어 있는 비이커의 사진]

하지만 가정에서 나오는 것이 문제입니다. 그 양이 가장 많기 때문입니다. 생활하수는 똥, 오줌, 세탁, 청소, 주방에서 나오는데, 그 양과 농도는 다음 표와 같습니다. 이 중에서 주목해야 할 것이 바로 오줌과 똥입니다. 부피는 작은 반면 질소와 인의 농도가 가장 높습니다. 아마도 수세변소가 보급된 이후부터 집앞의 개울물이 오염된 것을 경험한 분들이 많을 것입니다. 녹조가 가장 좋아하는 밥인 질소와 인성분이 그득한 것이 바로 사람의 오줌이라는 것을 몰랐을 것입니다.

농업용 비료를 평계를 대지만 질소와 인의 수치로 따져보면 수

세변기에 비해 매우 적습니다. 그리고 비료를 적게 뿌리면 줄일
수 있습니다. 하지만 오줌과 똥은 사람이 살고 있는 한 줄일 수 없
습니다.

■ 가정하수의 성상표

	오줌	똥	잡배수
발생량(L)	1.5	0.5	255
총질소(g N)	8.9	2.9	6.85
총인(g P)	5.1	0.9	0.88

※1인 1일 발생량 기준(평균치)

호수의 녹조현상을 진단할 때 반드시 검토해야 할 인자는 질소
와 인의 농도입니다. 이것이 없는 것은 무의미 하다는 것이 과학
자들의 공통적인 지적입니다.

<참고문헌>

1) 2010년 하수도통계, 국가통계포털.
2) Henz M., Comeau Y., 2008, Wastewater Characterization In Biological Wastewater
   Treatment: Principles Modelling and Design. Edited by M. Henze, M.C.M. van Loosdrecht,
   G.A. Ekama and D. Brdjanovic. IWA Publishing, London, UK.

오염부하(M)을 줄이는 방법

  물론 하수처리장을 만들면 되겠지요. 하지만 일반적인 수처리 공정에서는 질소와 인이 제거가 잘 되지 않아서 고도 처리가 추가로 필요합니다. 하지만 관리가 매우 복잡해서 처리비용이 많이 듭니다. 합류식 하수도지역에서 비라도 많이 오면 처리하지 않은 상태로 그냥 하천으로 방류되어 평소에 수질 관리하던 것이 수포로 돌아갑니다. 이것은 지속가능한 방법은 아닙니다.

  이런 문제는 선진국이라고 예외는 아닙니다. 그래서 첨단으로 연구되는 방법이 발생원인 변기에서부터 오줌만을 분리하는 방법입니다. 가정에서 발생하는 가장 영양 염류의 농도가 높은 오줌을 따로 모으면 하수처리장에서 고도처리를 안 해도 됩니다. 따로 모은 오줌은 천연비료로 만들 수 있습니다.

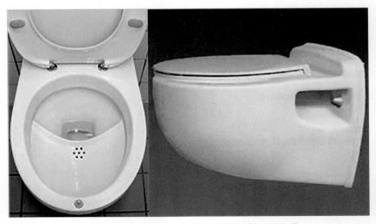

[Urine Diverted Dry Toilet, 오줌분리형 건식변기]

현재 유럽에서는 이러한 오줌분리 연구를 첨단의 물관리 패러다임의 하나로 중점적으로 생각하고 있습니다. 하지만 일반시민들은 쉽게 이해하기 어려워서 확산이 더딥니다.

하지만, 우리나라에서는 전통적으로 오줌장군이라는 것을 이용하여 오줌을 따로 모아 비료로 사용해왔습니다. 부영양화의 원인이 오줌이란 과학적 사실을 알았기 때문입니다. 우리 선조들은 "냇가에 오줌을 누면 고추가 부어 감자 고추가 된다", "계집아이가 흐르는 냇물에 오줌을 누면 결혼해서 애기를 못낳는다"는 등의 속담으로 오줌을 하천에

[오줌장군]

버리지 못하게 가르쳤습니다. 따라서 우리 국민들은 이러한 오줌 분리하는 개념을 채택하는데 상대적으로 거부감이 적습니다.

쉽게 말하면 유럽 사람들이 오줌장군의 개념을 표절을 하고 있는 셈입니다. 오줌을 취급할 때 나는 냄새문제, 비료화 방안 등을 첨단의 기법으로 해결하고 그것을 시스템적으로 도입하고 관리하는 기술이 필요합니다. 다행히 이 기술은 아직 불모지입니다. 아파트와 같은 공동주택에서 발생원 분리 및 자원화 개념을 도입하여 소규모 단위형 처리 시스템을 개발하여 보급하면 전 세계의 시장을 석권할 수 있습니다. 여기서 만든 비료를 도시농업에서 사용하는 것도 윈-윈 전략입니다.

오줌만 따로 모으는 변기를 개발하면 덤으로 물 사용량을 줄일 수 있습니다. 한 사람이 하루에 6번 정도 소변을 본다고 치면 하루에 36리터(6리터짜리 변기사용 시) 또는 72리터(12리터 변기사용 시)의 물 사용량을 줄일 수 있습니다.

분뇨분리 변기의 개발은 소변의 분리를 통한 질소 인의 농축 및 오줌을 이용한 건강진단 등 유비쿼터스 화장실의 시작을 할 수 있는 최첨단 기술입니다. 저희 연구팀은 오래전부터 지속가능한 변기 개발을 하고 있습니다. 변기에서 나오는 질소와 인만 잘 차단하면 녹조의 원인을 줄일 수 있을 뿐 아니라, 한국형 "오줌장군표" 첨단의 기술을 만들어 세계 시장을 석권할 수도 있습니다.

물의 부피(V)를 늘리는 방법

같은 오염부하라도 물그릇이 크면 농도가 작아져서 녹조가 발생하지 않습니다. 수위를 높이거나 바닥을 파면 되지만, 그것은 한계가 있습니다. 늘려봤자 두 배 이상 늘어날까요? 더 좋은 것은 물이 계속 흐르게 해주는 것입니다.

체류시간의 개념입니다($t = V/Q$). 물을 많이 흘려주면 체류시간은 짧아지고 순환이 되어 호수의 질소와 인이 빠져나갑니다. 물이 적게 들어오면 체류시간이 길어져서 질소와 인의 양이 높아집니다. 다 좋은데 그 물을 어디서부터 가지고 올 것인가 궁금하시지요?

대안은 빗물관리입니다. 빗물을 오자마자 다 버리는 것이 아니고, 하천 유역전체에 걸쳐 떨어진 그 자리에서 모으도록 하는 것입니다. 쉬운 방식은 논에서 빗물을 모으는 것처럼 약간 오목하게 만들면 빗물이 거기에 모였다가 땅속으로 들어가 침투되어 지하수가 되어 나중에 천천히 강으로 들어가게 해주는 것입니다.

산, 논, 밭, 운동장, 도로 각각의 특성에 맞게 자연과 조화되게 빗물을 모아두면 됩니다. 이것이 부피를 늘리는 길이고 이렇게 되면 질소와 인의 농도가 낮아집니다. 물 관리의 효자 노릇을 해왔던 논이 없어진 것도 녹조 발생의 원인 중 하나라고 볼 수 있습니다.

이미 가뭄이 발생하면 비가 안 오는 것에 대해 단시일 내에 인간이 할 수 있는 일은 없습니다. 하지만 평시에, 또는 홍수시에 내려오는 빗물을 떨어진 그 자리에 최대한 가두고, 땅속에 모아서 천천히 내려가도록 하는 것은 우리가 할 수 있습니다. 바로 전체 유역에 걸쳐서 빗물관리를 하는 것입니다.

녹조의 대책은 첨단의 변기와 빗물관리로

호수의 녹조는 질소와 인 때문에 생기며, 그 농도를 관리하고 줄일 수 있는 방안을 제안하였습니다. 대책은 오줌만을 따로 모으는 최첨단의 변기를 보급하는 것이고, 분산형의 빗물관리를 하는 것입니다. 이러한 패러다임을 바탕으로 하여 최고의 첨단 기술을 만들면 세계의 물문제도 해결하고 돈도 벌수 있습니다. 작은 호수에서의 과학적인 해법을 교훈 삼으면 현재 4대강과 전국에 확산된 물 문제를 해결하는 실마리가 되리라 믿습니다.

과학은 심플하고 정확합니다. 맞고 틀리고가 확실하기 때문에 정치적이지 않습니다. 논쟁할 때 목소리 큰 사람이나 다수결로 이기는 것과도 다릅니다. 논리와 수치로 정확한 방향과 답을 제시해 줄 수 있으며, 그 결과는 양심적이고 자긍심이 있는 과학자라면 모두들 수긍하기 때문입니다. 물론 일반시민들은 심판관이 되어야겠지요.

물문제 해결에는 똥보다 오줌

저는 외국의 박물관에 가면 전공을 살려, 그들이 어떻게 물을 확보하고, 똥과 오줌을 처리하였는지 찾아봅니다. 혹시나 선조들의 지혜를 배울 수 있을까 해서입니다. 지난 봄 홍콩의 박물관에서 고대 중국에서 사용하였던 소변기를 보고 깜짝 놀랐습니다. 백제시대에 사용하였던 호자와 많이 비슷하기 때문입니다. 남자용 쉬~통의 역할인데, 아주 해학적으로 멋지게, 실용적으로 만들었습니

중국호자   호자(백제시대)

여성용(서양)   여성용(백제시대)

다. 여성용도 있습니다. 유럽에서는 여성귀족들만 사용한 것처럼 아주 멋진 장식을 한 것도 있습니다.

똥, 오줌의 처리는 인류가 살면서 계속 있어왔던 것이며, 앞으로도 지속될 것입니다. 잘못 관리하면 수질오염만 많이 시키고, 비용과 에너지를 많이 잡아먹는 애물단지가 될 것입니다.

하지만 잘 관리하면 자연과 조화를 이루면서 지속가능한 방법으로 살아갈 수 있습니다. 똥, 오줌을 조금 더 자세히 들여다보면 거기에 과학과 기술이 있고, 예술이 있고, 환경의 해결사가 될 수 있다는 것을 알 수 있습니다.

현재 사용하고 있는 사이펀식 수세변소는 비교적 최근에(19세기) 서양에서 만들어진 것으로서, 물을 엄청 많이 쓰고, 물을 오염시키고, 빈부의 격차를 크게 하고 있습니다. 현재 깨끗한 식수를 공급받지 못하는 인구가 12억 명이고, 깨끗한 화장실을 가지고 있지 않는 인구의 수가 26억 명입니다. 현재의 수세변기 방식으로는 인류에게 도움이 안 될 것이라는 의문을 세계의 많은 환경공학자들이 제기하고 있습니다.

그래서 수세변기의 죄목을 들어 고발하기도 하였습니다. 평소에 수세변기에서 물을 조금 적게 썼더라면 소양강 댐이 조금이나마 덜 말랐을 것입니다. 오줌에서 녹조의 원인인 질소 인이 많이 방출됩니다.

물문제 해결에는 똥보다 오줌

많은 사람이 수질오염의 원인으로 똥만 이야기 합니다. 하지만 똥보다 오줌에 더 관심을 가져야 합니다. 그 이유는 다음과 같습니다.

첫째는 물 사용량입니다. 평균적으로 똥은 하루에 한번, 오줌은 하루에 6번 이상 수세변기를 누릅니다. 오줌에 의해 버려지는 물의 양이 많습니다. 만약 물을 안 쓰거나 적게 쓰는 변기를 사용하면 상수의 양과 하수발생량을 많이 줄일 수 있습니다.

둘째는 오염원입니다. 생활하수 중에서 오줌 속에 질소, 인이 가장 많이 함유되어 있어 그대로 강에 버리면 녹조의 원인이 됩니다. 셋째는 비료의 효과입니다. 오줌을 잘만 저장하면 최고의 비료가 됩니다. 이것은 농사를 짓는 사람들은 다 아는 상식입니다.

넷째는 환경호르몬과 같은 미량오염물질입니다. 강에 있는 물고기중 숫컷이 줄어 든다든지, 청년들의 활발한 정자수가 감소한다든지 하는 것들의 이유는 에스트로젠이라는 사람의 몸에서 배출되는 환경호르몬 때문입니다. 이것이 강으로 흘러가고, 그 강물로 수돗물을 만듭니다.

수돗물의 정수공정에는 이런 것들을 제거하는 공정이 포함되어 있지 않기 때문에 그냥 다시 우리 입으로 들어올 수 있습니다. 지금 선진국에서 연구하는 추세는 이러한 미량 오염물질들을 분석하고 제거하고자 하는 것입니다.

우리 선조들의 지혜

조선시대에 노벨상을 석권했을 만한 과학적 실력이 있던 우리 선조들은 생활과학에서도 그와 같은 고민을 하고 챔피언의 답을 내놓았을 것입니다. 빈부귀천, 남녀노소에 상관없이 누구나 똥오줌을 생산하기 때문에 모두에게 맞는 적합한 방법을 찾았을 것입니다. 그리고 그 방법은 오랜 역사를 거쳐 오면서 우리의 생활습관으로 자리 잡았을 것입니다. 스스로 기술적, 경제적, 사회적으로 검증된 방법을 가지고 있으니 이것이 바로 지속가능한 기술의 근간이 될 것입니다.

저는 그것을 요강에서 찾았습니다. 요강이야말로 우리 선조들의 지혜가 담긴 최고의 발명품이라고 생각합니다.

발생원에서부터 오줌을 분리하도록 하기 위한 수단입니다. 아무리 가난한 단칸방이라도 밥상과 요강만은 가지고 있었답니다. 여기서는 물을 전혀 사용하지 않습니다. 또한 신체의 발생원과 가장 근접하게 만들어 튀거나 주위를 더럽히지도 않습니다. 개인 또는 가정마다 한 개씩 두어 개인적으로 사용하니까 매우 위생적입니다. 자기나, 놋쇠, 나무, 심지어는 종이로도 만들었다고 합니다. 예쁜 뚜껑을 만들어 덮기도 했습니다.

새색시가 시집갈 때 꽃가마 속에 종이로 만든 요강(지승요강)을 꼭 혼수품처럼 가지고 갔다고 합니다. 장시간 가마로 이동하여야 하기 때문에 꽃가마 속 요강은 꼭 필요한 물건 이였습니다.

119토일렛과 같은 역할을 하였다고 보면 쉽게 이해하실 수 있을 것 같습니다.

[지승요강(종이로 만든 요강)]
새색기가 시집갈때 가마에 넣어주는 친정부모의 마음이담겨있다

[여러 가지 요강의 사진]

요강에서 나온 오줌은 오줌장군에 모읍니다. 나무통이나 질그릇을 구워 만든 장구 같은 통이며, 위에 큰 구멍이 있고, 그 구멍을 볏짚으로 막아 둡니다. 이것을 뒷간에 두어 남자들은 큰일을 보기

전에 먼저 오줌을 여기에 누고 볼일을 봅니다.

오줌에 들어있는 요소는 시간에 따라 암모니아, 아질산, 질소가 스로 변합니다. EC(유럽공동체)에서 최근의 보고에 따르면 비료 효과가 제일 좋은 조건은 암모니아와 아질산의 농도가 비슷할 때 입니다. 최근 우리 연구실에서는 오줌이 오줌장군 속에서 2~3주 지나면 이와 같은 최적조건을 스스로 맞추게 된다는 것을 증명하고는 선조들의 지혜에 깜짝 놀랐습니다.

환경호르몬 등 물질은 고농도 상태로 놓아두면 어느 정도 시간이 지나면 분해가 되어 없어집니다.

선조들의 지혜의 현대적 적용

요강과 오줌장군을 지금 같은 아파트나 첨단의 생활방식 시대에 그대로 사용하기는 어렵습니다. 하지만 그 철학 즉, 물을 안 쓰고, 오줌을 똥과 섞지 않고, 비료로 다시 활용한다는 개념을 그대로 두고, 나머지 기술은 현대식에 맞게 고치면 그것이 세계 최고의 기술입니다.

먼저 요강의 장점을 살린 발생원 분리장치를 개발할 수 있습니다. 오줌만 따로 받되, 지금의 수세변기처럼 바닥에 고정된 것이 아니고, 백제시대의 호자처럼 높이와 간격을 조절할 수 있다면 아주 편리합니다. 꼬마들이 쉬~할 때, 또는 병원에서 사용하는 오줌통과 같은 개념입니다. 물론 여기도 현대적으로 예쁘게 만들어야

사람들이 거부감이 없겠지요

그리고 또 하나의 제안은 주택 및 아파트 화장실에 남자소변기를 처음 만들때부터 설치하는 겁니다. 매립형으로 설계하면 공간도 별로 차지하지 않습니다. 최초의 시도가 되겠지만 주거시설에서 남자소변만 분리해도 거기서 절약되는 수돗물의 양과 모을 수 있는 소변의 양은 엄청날 겁니다. 위생적으로 많은 효과가 있다고 봅니다.

모은 오줌은 변기 옆에 있는 배관을 통해, 건물의 지하에 있는 오줌저장조에 모이게 됩니다. 여기서 물론 냄새가 안 나도록 하는 것은 기본이고, 저장량, 누수, 냄새 등을 IT센서를 이용하여 관리하고 심지어는 개인의 건강진단에도 사용할 수 있습니다.

지하실의 오줌장군은 마을단위로 진공차로 흡입하여 가공공장으로 이동하고, 잘 만들어진 가공공장에서는 일정기간 보관 후 최적의 비료로 가공하여 근처의 마을과 농장에 판매합니다. 이렇게 되면 외부에서 물을 적게 가지고 와도 되고, 스스로 비료를 생산하는 자립형 마을에 한 발자국 가까이 가게 됩니다.

미래도시는 건물을 만들 때 자립형으로 만드는 추세입니다. 에너지도, 물질도, 물도 자립하는 것이 목표입니다. 마을의 각 집에서 생산된 똥과 오줌을 분리한 후 가공하여 다시 마을단위로 환원하는 것입니다. 이와 같은 "공동체 단위의 발생원 분리형 자원순환"의 개념은 환경산업기술원의 혁신도약형 과제의 지원으로 열심히 연구 중입니다.

우리나라는 화장실을 다른 말로 해우소라고 합니다. 근심을 덜어주는 곳이란 뜻입니다. 몸속의 찌꺼기를 덜어내고, 마음속의 근심을 없애준다는 뜻입니다. 여기에 더해서 전 세계의 물과 위생(water and sanitation)에 대한 근심을 없애주고자 합니다.

우리 선조들의 "똥보다 오줌" 철학이 그 새로운 방향성을 제시할 것입니다.

[빗물과 연꽃]

[고즈넉한 산사의 모습]

토일렛(Toilet)보다 토리(土利)

토일렛(Toilet)의 어원

화장실을 뜻하는 토일렛(Toilet)란 단어는 어디서 어떻게 만들어졌을까요? 프랑스에서 변기, 화장실을 뜻하는 뚜알레뜨(toilette 혹은 toilettes)란 말이 미국으로 건너가 토일렛이 된 거죠. 그런데 뚜알레뜨란 말은 망토를 뜻하는 프랑스말인 뚜알(toile)에서 유래했다고 합니다. 망토는 사람들이 어깨에 두르고 다니던 천을 이야기하고요. 당시 파리에는 공중화장실이 없어서 사람들은 거리를 걷다가 배에서 급하게 신호가 오면 "뚜알, 뚜알!" 하면서 외쳤답니다. 그러면 커다란 망토를 두른 사람이 나타났는데 그의 손에는 큰 양동이 두 개도 들려 있었지요. 양동이에 걸터앉아 볼일을 보는 동안 이동식 화장실(?) 업자는 커다란 망토로 민망한 장면을 가려주었고요.

그 당시 영국에서는 변기를 물로 씻어내는 시스템이 발명되면서, 상류사회에서 물로 씻어내는 변기를 WC(Water Closet)이라고 이름을 붙였습니다. WC를 사용하는 것이 자랑거리 또는 신분의 상징으로 되었습니다. 하지만 변기에 들어갈 엄청난 양의 물을 가져와야 합니다. 또한 그 오물을 처리해야 하는 인프라가 만들어지지 않으면 도시의 위생상태는 매우 불결해질 수밖에 없습니다. 중세 이후까지 유럽에서는 지저분한 똥 처리방법이 개선되지 않아, 도시의 많은 사람들이 전염병으로 희생되었던 슬픈 역사도 가지고 있습니다.

선조의 지혜를 활용한 토리(土利)의 탄생

우리 선조들은 똥과 오줌은 소중한 자원이며, 그것을 이용하여 순환형 사회를 만들어야 한다는 철학을 생활화하였습니다. 똥과 오줌을 모아서, 농토에 환원하여 흙을 개량하고, 비료의 효과로 식물이 더 잘 자라게 만들 수 있다는 것을 알고 실천해 왔습니다. 어르신들께 물어보면 옛날에는 모두 그렇게 사용하였다는 것을 기억하고 있습니다. 요즘도 봄철에 시골에 가면 논과 밭에 인분을 뿌린 냄새를 맡을 수 있습니다. 우리 선조들은 똥과 오줌을 폐기할 대상이 아니라 소중한 자원이라고 생각했습니다.

그래서 이제부터는 저는 화장실을 흙을 이롭게 한다는 뜻에서 이름을 토리(土利)라고 명명하고, 전 세계를 향해서 화장실의 혁명(쓰레기에서 자원으로)을 선포하고자 합니다.

(Toilet revolution: From Waste to Resource)

이 토리에는 우리 선조들이 해왔던 친환경적 화장실에 관한 철학을 모두 담았습니다. 첫째, 똥오줌은 비료이다. 둘째 물을 사용

[노원구 천수텃밭에 설치한 토리]

하지 않거나 아주 적게 사용한다. 셋째 똥과 오줌을 분리하여 각자 처리한다. 하지만 사용 시 불편을 겪었던 냄새, 기생충 문제, 유지관리시 불편 등은 과학의 원리를 이용하면 해결이 가능합니다.

서울시 노원구 천수텃밭에 친환경 분뇨분리 비료생산형 화장실인 토리(土利)를 설치하고 사용을 해보았습니다. 도시농부들은 우리 선조들의 지혜가 담긴 토리를 너무나 좋아합니다. 왜냐하면, 토양의 미생물도 더 다양하고 풍부하게 하여 건강한 땅을 만들어 식량이 훨씬 더 많이 생산되기 때문입니다. 더욱 중요한 것은 비료는 돈을 내고 사와야 하지만, 토리에서는 비료가 공짜로 생산됩니다. 천수텃밭의 도시농부들은 약간의 불편을 감수하면서 잘 사용하여 똥, 오줌 비료를 만들었습니다.

그 비료의 효과를 증명하고자 가을에 무를 심어보았습니다. 2달간 키운 후 수확을 하면서 그 효과를 보았습니다. 숙성된 똥과 오줌으로 키운 무가 비료로 키운 무보다 더 크게 자라고 먹어보니 당도가 훨씬 높았습니다. 돈을 벌어주는 토리(土利)가 된 셈입니다

①일반 흙 ②오줌 거름 ③똥 거름 ④일반 거름 ⑤똥오줌거름

[여러 가지 비료로 키운 무의 사진]

토리(土利)로 세계적인 상을 받다

제가 최근에 토리에 관한 연구로 국제적인 상을 두 개나 받았습니다.

첫째는 2018년 경주에서 열린 World Water Forum에서 토리(Torry)를 이용하여 개도국의 물 문제를 해결할 방안을 제안하여 우수상을 받았습니다. 부탄과 같은 산악국가에 도시가 들어서면서 수세식 화장실이 보급되면서부터 문제가 발생합니다. 수세변소에 들어갈 상수를 공급해주어야 하니 물부족이 생깁니다. 거기서 나온 하수를 처리할 인프라가 없으니 산간의 계곡물의 수질이 오염됩니다. 토리는 물을 사용하지 않고, 똥, 오줌을 각각 비료로 만들어 돈을 벌수도 있고, 불편한 점은 IT를 이용한 모니터링으로 유지관리하는 방안을 제안하였습니다. 부탄과 같은 개발도상국의 산간지역에서는 토리가 가장 적합하다는 것을 전 세계의 학자들이 인정하여 상을 준 것입니다.

둘째는 2019년 2월 스위스의 제네바에서 열린 UN 기구중 하나인 WaterLex, WIPO가 주관한 제1차 Leaving No One Behind 세계정상회의에서 창의상 (Innovation Award)을 받았습니다. 이 공모전에서는 물을 소비하지 않고 분뇨를 '비료화'하는 화장실 모델인 '토리(土利)' 프로젝트를 제안하였습니다. 토리는 흙을 이롭게 해준다는 뜻으로, 한국의 전통 화장실인 해우소에서 착안하고 IT와 공학 기술을 접목해 만든 친환경 화장실입니다. 분뇨를 '쓰레기'로 생각해서 버리는 서양의 방법에서 탈피, '비료'로 생각해 순환 사용하는 한국적인 사고를 모티브로 친환경 순환형 화장실을 개발했습니다. 이렇게 개발된 토리 화장실은 인간의 대소변을 업-싸이클링(Up-cycling)해 자원화해 줍니다. 이 화장실에서는 소변은 액비, 대변은 퇴비로 활용함으로써 비료 비용을 줄이고 고품질의 농산물 생산량을 늘릴 수 있으며 상수 이용을 줄일 수 있어 경제적입니다.

최근에 미국의 마션(Martian, 2015)이라는 영화에서 토리의 개념을 이용한 내용이 나옵니다. 우주선을 타고 가던 우주인들이 지구로부터 식량 공급이 끊기자, 자신들이 생산한 똥을 비료로 만들어 감자를 심어서 식량으로 만들어 살아가는 장면이 나옵니다. 똥을 자원으로 생각하고 실현한 것이지요. NASA의 우주인들이 토리의 개념을 배운 셈입니다.

이와 같이 보면 서양의 토일렛과 우리의 토리는 기본 철학부터 다릅니다. 토리는 똥과 오줌을 분리하여 비료를 생산하여, 사용하는 사람들이 식량을 증산해서 돈을 벌 수 있게 해주고, 그 돈으로 스스로 유지관리를 할 수 있다는 것을 보여주므로, 주위의 사람들이 동기부여가 되어 스스로 지역사람들이 토리를 확산시킬 수 있습니다. 그리고 토리는 토양을 건강하게 만들어서 지력을 높여주고, 비료효과로 돈을 벌수 있으므로 지속가능성이 이미 검증된 개념입니다.

하지만 서양의 토일렛은 똥과 오줌을 폐기물정도로 여기고, 그것을 처리하는데, 기계와 에너지를 써서 유용한 자원을 다른 것으로 바꾸어 생산하고자 하는 것입니다. 폐기물을 버리기 위해 에너지를 사용하고, 기계를 사용하니, 비용도 비싸게 되고, 사회적인 동기부여가 되지 않아서 확산되지 못해서 실패할 확률이 높습니다.

지구를 살리는 토리(土利) 연구

대한민국의 똥 박사가 앞으로 하고자 하는 연구는 다음과 같습니다. 우선 '똥과 오줌은 폐기물이 아니고 자원이다.' 라는 화장실 혁명을 목표로 하면서, 토리(土利)를 개선하고 사용하기 편리하고, 유지관리 할 수 있는 돈을 벌게 만드는 일입니다. 우리 선조들의 철학과 전통을 따르면서, 이때 생긴 문제점들은 과학과 첨단의 기술로 극복하는 것입니다.

어떠한 문제들이 있을까요? 아마도 화장실에서 냄새가 나거나 지저분한 것이 있겠지요? 똥과 오줌의 비료성분을 목표 수치가 될 때까지 빨리 분해되도록 만들어서 반응조의 크기를 줄이는 방법도 필요하고요. 똥, 오줌 처리 후 남은 부산물로 돈을 버는 방법도 필요합니다. 4계절이 있는 우리나라에서 온도에 따른 반응조건을 살펴보아서 겨울에도 최적의 상태로 운전하도록 하는 방법이 필요합니다.

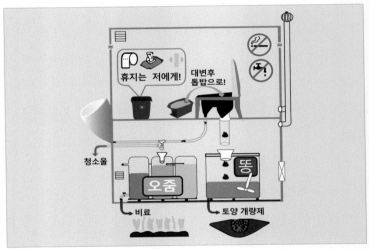

[친환경 자원 순환식 화장실의 원리]

먼저 화장실에서 냄새가 나는 문제는 환기구를 마루의 바닥 근처에 만들어 냄새가 코를 거치지 않고 밑으로 빠져나가게 하면 됩니다. 누구나 궁금해 할 수 있는 '혹시라도 똥이나 오줌이 벽에

묻어 지저분하고 냄새가 나면 어떻게 하나' 라는 의문에는 Lotus Effect를 이용합니다. 연꽃의 잎에는 물방울이 동글동글하게 만들어져 굴러 떨어지듯이 표면을 나노입자로 처리하면 물방울이나 이물질이 맺히지 않도록 하는 원리입니다.

오줌과 똥의 냄새문제는 과학을 적용해서 해결할 수 있습니다. 오줌에서 나는 냄새는 암모니아라는 기체 때문인데, 이를 해결하기 위해 암모니아 기체가 생기지 않도록 화학적 조건을 맞추어 주면 됩니다. 또한, 오줌에 풍부한 질소와 인과 같은 비료성분은 볏짚과 재와 같이 주변에서 구하기 쉬운 자연물들을 이용하여 응축시켜 낚시를 하듯이 필요한 영양분만 건져낼 수 있습니다. 오줌에는 PPCP(약품과 개인용품)라는 새로운 미량오염물질이 있어서 하천의 생태계를 교란시키고 있습니다. 이것을 쉽게 제거하여 하천으로 내보내지 않도록 하는 방법도 연구합니다.

똥에다가 톱밥이나 왕겨, 재, 솔잎, 볏짚등 주위에서 구할 수 있는 재료를 함께 섞어서 질소와 탄소의 비율을 조절하면 똥을 토양개량제로 쉽게 만들 수 있습니다. 거기에 지렁이를 이용하여 똥을 먹게 하면 좋은 질의 분변토를 빨리 만들 수도 있습니다. 분변토는 토양개량제로 팔고, 여기서 자란 지렁이는 조류나 가축의 사료 등으로 판매하여 돈을 벌수 있습니다. 똥에는 대장균이나 기생충 알이 있는데 그것이 제거되는 pH나 온도 조건을 만들어주면 비료로 숙성이 되면서 제거할 수 있게 됩니다.

IT기술과 첨단의 과학을 이용하면 스마트 화장실을 만들 수 있습니다. 건강검진 시 소변으로 몸 상태를 진단하듯이, 소변을 볼 때마다 몸의 건강상태를 점검하여 개인별 빅 데이터를 만들어 건강관리를 하는 것도 미래의 기술입니다. 이러한 기술을 개발하는 것은 미래 세대인 우리 젊은 사람들의 몫입니다.

똥과 오줌에 관한 한 우리는 서양보다는 더 오랜 경험과 철학을 바탕으로 한 경험이 있습니다. 토리(土利)는 개발도상국뿐 아니라 전 세계의 물 부족, 수질오염을 해결할 것입니다. 또 이 화장실을 통해 식량이 증산되어 돈을 벌 수 있게 해준다면 많은 사람

[연꽃잎에 맺힌 물방울]　　　[지렁이를 이용한 대변 비료화]

들이 자신들 스스로 이 화장실을 만들고 사용하고자 할 것입니다. 즉, 물고기를 주기보다는 물고기를 잡는 방법을 알려주는 것이지요. 거기에 첨단의 기술을 접목시킨 기술이 대한민국에서 만들어지고 있습니다. 전 세계에 화장실이 없어서 고통 받는 사람들이 26억 명 정도가 된다고 합니다. 그것을 해결하기 위하여 유엔에서는 지속가능개발목표(SDG6 Sustainable Development Goals)을 만

들어 다 함께 노력하자는 목표를 세웠습니다. 그 목표를 해결하기 위해서 대한민국의 토리(土利)가 갑니다.

[천수 텃밭 토리앞에서 설명하는 모습]

자연에 대한 사랑과 인간애

유 기 희

서울대학교 그린바이오과학기술연구원 산학협력교수
(前)아시아 개발은행 (ADB) 동남아시아국 사업관리관

현재 전 세계는코로나 바이러스로 인하여 21세기에 가장 심각한 어려움을 겪고 있습니다. 가장 선진국이라는 미국도 전 세계의 코로나 확진자와 사망자의 가장 많은 부분을 차지하고 있는 이때에, 우리나라는 코로나 퇴치에 있어서 전 세계에 가장 모범국이 되었습니다.

2000년에 국제연합의 새천년정상회의에서 채택된 새천년개발목표로 세계화에 대한 대응으로 보건과 질병 퇴치를 포함한 지속가능한 인간개발을 촉진하기 위한 국가간 협약을 만들었습니다. 2015년까지 아동사망율을 매년 1,200만명에서 600만명으로 줄이고, 홍역 백신을 84%의 아동에게 제공하고, 산모사망율을 45% 줄였으며, 에이즈와 말라리아 전염을 각각 40%, 37%를 감소시켰으나, 전세계 인구 중에 14억명이 절대 빈곤에 있고, 8억명이 깨끗한 물의 부족에 시달리고 있습니다. 2015년에 국제연합은 지속가능개발목표를 설정하여, 모든 질병이 삶의 질과 기대 수명을 떨어 뜨리기에, 세번째 목표에서 건강한 삶과 복리 증진을 통하여, 아동보건, 모성보건을 지속적으로 추진하며, 전염병을 근절하며, 비전염성 질병

의 사망률을 25% 감소하도록 하였습니다. 또한 여섯번째 목표로 생활용수 공급과 하수, 위생 조건을 향상시키는 목표를 설정하였습니다. 특히 인간의 건강에 직결되어 있는 위생에 대하여 비누로 손을 씻도록 전 세계가 공동 노력하기로 하였습니다.

우리나라는 2015년에 제7차 세계물포럼을 개최하여 전 세계의 가용한 수자원의 지속가능한 관리를 위한 국제적인 노력에 선두 주자가 되었고, 물관리 일원화를 이루어 냈으며, 상하수도와 위생에 지대한 공헌을 하였습니다. 이러한 노력이 코로나 전염병으로 인하여 심각한 도전을 받고 있는 이때에 '똥이랑, 물이랑' 도서를 통하여 전 세계적인 보건 위생 노력에 효율적이고 효과적인 개선 방법을 제시한 한무영 교수님께 감사를 드립니다.

국제기구에서 20년간 수자원개발과 관리를 담당하여 온 경험과 세계화장실 협회와 서울대학교에서 근무한 저의 경험으로, 본 도서는 평생 수자원과 위생분야에서 헌신하신 한무영 교수님의 삶을 그대로 나타내며, 그의 자연에 대한 사랑과 인간애를 느낄 수 있는 귀한 책입니다. 교수님은 본 도서를 통하여 수자원의 지속가능한 개발의 방향을 제시하였으며, 우리나라가 전 인류와 함께 나눌 수 있는 우리의 선진화된 화장실 문화를 소개하였습니다. 본 도서를 통하여 2030년까지 추구하는 지속가능개발목표를 우리가 함께 달성하는 데에 도움이 될 것을 확신하며, 우리 모두가 진정한 인간개발과 지속가능한 발전에 참여하는 길잡이가 되기를 바랍니다. ⊞

우리나라의 집안 곳곳에서는 신이 있다고 믿는 신앙이 있어서
집안에 화목을 가져다 준다고 합니다
심지어는 화장실에도 측신이 있다고 믿었습니다

Chapter 4

화장실의 과학과 공학

화장실에도 과학이 있다

조선시대에 노벨상이 있었다면

중국 4,   일본 0,   한국 21,   기타 17 개

이 수치는 세종대왕의 시절에 만약 노벨상 제도가 있었다면 국가별로 받았을 노벨상의 개수입니다. 세종대왕 연구의 대가인 박현모 소장의 이야기를 빌면 그만큼 조선시대의 우리 선조들의 과학기술이 우수했다는 것입니다.

생활과학도 예외가 아니었겠지요 특히 누구든지 매일 만들어내고 잘못 관리하면 고통과 불편을 주는 똥과 오줌을 처리하는 철학이나 기술에도 우수한 과학을 동원했을 것입니다. 그렇다면 지금의 전 세계적인 수질오염의 문제는 우리 선조들이 전통적으로 해왔던 방법에서 정답을 찾을 수 있지 않을까요. 어떠한 과학을 동원했는지 한번 찾아보기로 하겠습니다.

현재의 하수처리 방식은 다원(多元)방정식

수학에서 미지수의 갯수가 많을수록 풀기가 어렵습니다. 미지수의 갯수가 하나인 일원(一元)방정식은 초등학교 때, 이원(二元)은

중학교, 삼원(三元)이상은 고등학교 때 배웁니다. 쉽게 풀기 위해서는 가능한 한 미지수를 한 개씩 줄여주어야 합니다.

하수처리장에 들어오는 물질들은 그 질과 양, 발생패턴이 모두 달라서 각각의 최적의 처리방법이 다릅니다. 가정하수는 똥, 오줌, 세탁＋목욕 등에서 나온 물로 이루어진 3원(三元)방정식입니다. 여기에 빗물이 들어오면 4원(四元), 음식물 찌꺼기를 갈아서 넣으면 5원(五元), 여러 종류의 공장폐수가 들어오면 6원(六元)이상의 방정식이 됩니다. 모든 오염물질의 성질이 잘 컨트롤 될 때 최적의 운전이 되는데, 그중에 하나라도 뒤틀리면 최적의 운전이 안됩니다. 수학에서는 어떤 한 개를 상수로 가정하여 미지수의 갯수를 줄여가면서 답을 구하는 것이 일반적입니다.

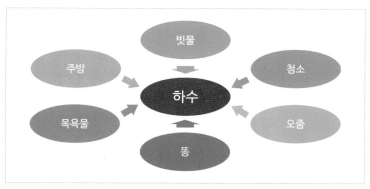

[하수처리장은 다원(多元)방정식]

물론 컴퓨터로 수학을 풀 수 있는 것과 마찬가지로, 하수처리도 아무리 복잡해도 첨단의 기술과 에너지만 투입하면 해결할 수 있

다고 합니다. 하지만, 이 방법은 기계와 에너지 의존적이고, 조건
이 달라지면 최적의 해를 구하기 어렵습니다. 한마디로 서구에서
20세기 초에 개발된 이러한 하수처리에 관한 철학과 방향이 과연
지속가능할까에 대한 근본적인 의심이 발생하게 되지요.

우리 선조들은 우리에게 금수강산을 남겨주셨습니다. 그 비결
은 올바른 물관리 방식입니다. 6가지 오염물질을 각각 따로 구분
하여 일원 방정식으로 풀었습니다. 먼저 똥은 똥대로, 오줌은 오
줌대로 따로 모아서 비료로 사용하였습니다. 물은 되도록 적게 사
용하였고, 음식물 찌꺼기는 최소로 하고, 남은 것은 가축에게 먹이
고, 나중에는 사람이 가축을 먹는 순환형 사회였습니다.

[잿간]

화장실을 잿간이라고 불렀습니다. 부엌에서 불을 때고 남은 재를 잿간에 놓고, 똥을 눈 후 재로 묻습니다. 재는 냄새를 흡착하고 온도와 pH를 높여서 대장균과 기생충의 알을 죽입니다. 재가 묻은 똥을 묵히면 훌륭한 토양 개량제가 됩니다. 오줌은 모아서 오줌 장군에 저장하였습니다. 오줌장군의 입구를 볏짚으로 막아서 다른 세균이 들어가지 못하게 하여 비료의 덩어리인 질소와 인을 안정되게 보관하였습니다. 볏짚에 사는 바실러스라는 균이 비료의 효과를 최적의 상태로 유지하도록 해줍니다.

우리 선조들은 생활하면서 물을 적게 사용하거나, 한번 썼던 물을 다시 사용하여 생활하수의 양을 줄이는 방법을 사용하였습니다. 물을 덜 쓰면 물을 가져오는 수고가 줄어든다는 것을 알았기 때문입니다. 빗물은 하수와 섞이지 않도록 하고, 떨어진 자리에서 땅속으로 침투시켜서 지하수를 보충합니다. 대궐의 처마에 떨어지는 빗물이 땅속으로 들어가게 설계한 것을 보면 알 수 있습니다. 빗물은 땅속에 침투시켜 저장하여 항상 지하수가 풍부하게 만들었습니다.

19세기 최고의 발명품 수세변기의 딜레마

최초의 수세변기는 1596년 영국에서 여왕에게 선물을 하느라고 만들어졌습니다. 최고의 단점은 변기에서 냄새가 나는 것. 이것을 방지하기 위해 영국의 커밍스라는 사람은 1775년 밸브 클로

셋이라는 수세식 변기를 발명했습니다. 그후 사이폰식으로 바꾸었습니다. 그것이 큰 원칙상의 변화 없이 전 세계적으로 사용되어 많은 사람들의 생활을 개선시킨 것처럼 보였습니다.

사이폰에는 세 가지 문제점이 있습니다. 첫째, 배관이 좁아서 막힐 염려가 있습니다. 한번 막히면 다시 고칠 때까지 사용할 수 없기 때문에 치명적입니다. 둘째, 사이폰 구조가 물리적으로 차지해야만 하는 공간 때문에 많은 공간을 잡아먹습니다. 셋째, 물을 많이 사용합니다. 사이폰식 절수형 변기의 한계는 6리터입니다. 하지만 잘못해서 한번 이상 누르면 절수형이 아닙니다.

지금껏 불편을 감수하고 아무 생각도 없이 사용하던 사이폰식 수세변기를 과감하게 바꾸면 많은 것을 해결할 수 있습니다. 그것의 구조는 다음 동영상을 보시면 알 수 있습니다. 이미 제품이 나와 전 세계에 판매를 개시하였습니다.

[그림 MBC 뉴스 캡쳐 화면]

어떤 수세변기는 냄새나고 불결하기도 합니다. 그 원인을 생각 해보신 적이 있나요 변기를 축구골대와 비교해서 설명해볼까요 바람직한 수세변기란 똥이 변기 벽에 묻지 않고 곧바로 물속에 잠 기도록 해야 냄새도 안나고 보기에도 좋습니다. 축구 골문에 정확 하게 볼을 차서 득점하는 것과 같습니다.

어떤 변기는 인체의 구조를 생각하지 않아서 그런지 떨어지면 서 벽에 묻는 것이 있습니다. 그 때문에 두번 세번 물을 누르든지, 변기 옆에 솔을 두어 사람이 닦아야만 합니다. 축구에서 골이 크로 스바를 맞춘 셈이지요. 왜 그렇게 밖에 못 만들까요 그 이유는 변 기의 사이폰 때문입니다. 벽에서부터 사이폰의 기본 길이를 놓고 또 여유 있게 변기를 놓게 되면 가뜩이나 작은 집의 공간이 부족 합니다. 그래서 2~3센티라도 줄이기 위해서 변기의 상부를 뒤로 물린 결과 그런 것입니다. 모두 다 그것을 당연시하고 불만을 이야 기 하지 않으니 기업에서는 기술개발을 할 필요가 없는 것입니다.

[일본식 쪼그려식 변기의 사진]

소위 일본식의 쪼그리기 식 변기 위에는 똥이 오랫동안 변기위에 남아 있는 구조라서 냄새가 나고 보기에도 안 좋습니다. 이것을 흘려보내기 위해서 물을 여러 번 눌러야 합니다.

축구로 보면 골대를 넘긴 공을 주워 가지고 오는 셈이지요. 그 이유를 생각해 보았습니다. 옛 일본사람들은 화장실에 귀신이 있어서 등을 보이면 뒤에서 잡아 당기기 때문에 그것을 방지하기 위해서 벽을 보고 일을 보아야 한다는 이야기가 있다고 합니다. 설비 공학적으로 보면 배관과 물이 고인 부분은 벽에서 가까이 만들어야 하는데, 인체공학적으로 보면 벽에서 멀리 떨어진 곳에서 발생하니 물을 흘릴 때까지 노출이 될 수 밖에 없고, 그 사이에 냄새는 퍼집니다.

이와 같이 간단한 상식으로 소비자들이 문제를 알려주면 물 적게 쓰는 깨끗한 화장실을 만드는 것은 기술적으로 어렵지 않습니다. 문제는 이런 바보 같은 수세변기를 누가 먼저 깨느냐에 달렸습니다. 정부가 물절약 차원과 위생관리 차원에서 지도를 하고 교체비용을 부담해주어야 하지 않을까요? 가뭄을 대비하여 수천억 원을 투자하고도 해결 못하는 방법대신 수세변기를 교체하는 방안이 비용대비 효과가 가장 크고 그 효과는 매우 오래 지속됩니다.

냄새를 없애기 위해 화장실의 위쪽에 환기시설을 두는 것이 일반적입니다.

그런데 냄새의 동선을 살펴보면 매우 불합리한 것을 알 수 있습니다. 밑에서 발생하는 냄새를 위로 뽑아낸다면 그 중간에 위치해 있는 사람의 코가 냄새를 맡게 되기 때문입니다.

비행기의 화장실처럼 아래쪽에서 공기를 뽑아내는 것이 더 합리적입니다.

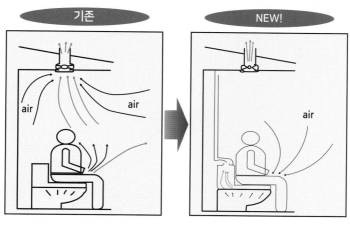

[화장실 환기시설의 모식도]

똥 과학의 한류

우리 선조들의 똥의 처리원칙은 세 가지입니다. 첫째, 물을 사용하지 않고, 둘째, 똥과 오줌을 분리한 후, 셋째, 처리해서 비료로 환원하는 것입니다. 사실 똥은 음식물에서 나온 것이고, 음식물에는 질소와 인이 들어있습니다. 사람 몸에서 나온 물질을 다시 땅속에 돌려보내는 것은 돈을 버는 것일 뿐 아니라, 자기가 만든 것을 자신이 처리하는 사회적 책임을 다하는 것입니다.

그런데 현대 사회에 이런 것이 가능할까요. 원칙은 위와 같이 지키면서 첨단의 기술을 접목시킬 수 있습니다. 냄새가 없고 깨끗하고 사용하는데 편리해야 합니다. 냄새나 막힘 등, 만약의 사태가 발생하면 즉시 문제를 쉽게 감지할 수 있어야 합니다. 여기에 IT 기술을 넣고 관리하면 됩니다. 다루기 좋게 하기 위한 첨가제의 종류와 첨가방법을 개발하고, 최고의 비료로 만들기 위한 방법, 또한 그러한 비료의 사용처의 개발 등이 필요합니다.

이와 같은 것은 좋은 연구거리입니다. 우리 선조들의 똥의 처분 원칙에 첨단의 기술을 접목시켜서 현대식의 아파트 생활구조에 맞게 불편함이 없도록 하는 것이 첨단의 기술이 될 것입니다. 그리고 개별 건물마다 만들어진 비료를 옥상텃밭에서 쓰도록 환원하는 기술도 미래지향적인 사회생활이 될 것입니다.

이 기술을 개발하여 전 세계에 팔수 있다면, 그것은 과거 수천 년간 최고의 생활과학기술을 개발한 우리 선조들이 만든 전통 덕분일 것입니다. 앞으로 21세기 물의 전쟁시대에 "똥 과학의 한류"는 전 세계 물 문제를 해결하고 평정시키는 실마리가 될 수 있을 것이라고 굳게 믿습니다.

화장실 박물관으로 바뀐 해우재에서
인류의 미래를 생각한다

수세변기 막힘의 공학적 해석

수압이 약해서 잘 안 내려간다고요?

1770년대에 영국에서 물로 씻어내어 버리기 위해 수세변기를 도입한 이후 전 세계 많은 사람들이 편리하게 살고 있습니다. 하지만 한편으로는 그로 인해 상수를 많이 사용하고, 또 그만큼 하수가 발생하여 물 부족과 수질오염의 원인이 되기도 합니다. 따라서 가급적 물을 적게 사용하는 수세변기의 필요성이 높아지고 있습니다.

많은 사람들은 변기가 잘 안 씻겨 지거나 막히면 대부분 그 이유가 수돗물의 수압이 약하기 때문이라고 합니다. 그 말이 맞는지 증명하고자 합니다. 이때는 수세변기만이 아니라 화장실의 전과 후의 사정을 같이 보아야 합니다. 즉, 상수도와 하수도까지 보아야 합니다. 각각의 부분에서 막힘의 원인이 될 수 있기 때문입니다.

첫째, 가정에서 많이 사용하는 탱크형 수세변기를 보겠습니다. 수세변기는 탱크에 채워진 물의 높이가 가지고 있는 자연의 중력만을 이용해서 씻어서 냅니다. 물을 적게 채워 수위가 낮거나 다른 물건을 채워 물의 양이 줄어들면 작동이 잘 안됩니다. 사이펀식의 수세변기에서 레버를 누르면 변기내의 수위가 약간 높아짐에 따라 사이펀이 작동하게 되면서 변기 안에 있는 이물질이 다 씻겨 내려가게 되니 수압과는 상관이 없습니다. 중력가변식의 수세변 기도 마찬가지로 레버를 누르면 앞의 헤드부분에 물이 차이게 됨에 따라 자중으로 물이 넘어가도록 하는 것이기 때문에 수도관의 수압과는 상관이 없습니다. 어떤 구식의 사이폰식 수세변기는 관경이 작아서 커다란 이물질이 막히거나 수리학적으로 잘못 설계 되어 있어서 잘 안 씻기는 경우도 있는데, 이 경우는 수세변기 자체를 정부에서 정한 규격의 화장실로 바꾸어야 합니다.

둘째, 상수도 배관입니다. 수세변기에 물을 공급하는 상수도 배관의 압력이 높으면 물의 속도가 빨라져서 변기탱크에 물을 채우는 시간이 짧아집니다. 일단 물이 탱크에 차고 난 이후에 배관에서의 압력은 수세변기를 씻어 내리는데 전혀 상관이 없습니다. 단, 이런 문제는 있습니다. 사용하는 사람이 많은 공중화장실에서 탱크를 채우는 시간이 오래 걸리면 다음번에 사용하는 사람이 불안해 할 수도 있으므로 대기시간을 짧게 하는 것이 중요합니다. 예를 들어 1분 만에 12리터짜리 수세변기를 채우려면 그에 맞는 빠른 속도를 낼 수 있는 압력이 필요합니다. 이 경우 상수도의 압력을 높이는 대신 일회에 4리터 사용하는 초절수형 변기를 사용한다면, 대기시간이 1/3로 줄어들어 문제가 없어집니다.

셋째, 그 이후의 하수배관 입니다. 수세변기를 나간 물은 횡 배관을 거쳐서 건물의 수직배관까지 흘러가야 합니다. 횡 배관의 경사도가 낮으면 관내에 덩어리가 막힐 수가 있습니다. 경사도란 높이차를 길이로 나눈 값인데. 건물바닥의 높이차는 건물의 구조상 높이기는 어렵고, 거리가 길어질수록 경사도가 낮아집니다. 이때에는 관내에 고형물질이 남을 수 있고, 거기서 부패한 냄새가 실내로 퍼지게 됩니다. 이 경우에는 물을 많이 쓰는 변기를 사용하든지, 배관을 자주 청소해야 합니다. 이 경우도 역시 수돗물의 수압과는 관계가 없습니다.

따라서 수압이 낮아서 수세변기가 막힌다는 명제는 성립하지 않게 되고, 수압을 높여도 해결은 안 됩니다. 수세변기를 절수형으로 바꾸면 작은 압력의 배관으로도 수세변기의 물을 빨리 채울 수 있습니다. 만약 수세변기 이후의 횡 배관이 문제라면 화장실의 위치를 수직배관과 가까운 위치로 바꾸던지, 화장실의 위치를 바꾸기 어렵다면 물을 많이 사용하는 수세변기를 그대로 사용해야 합니다.

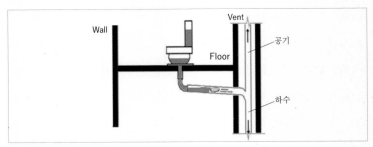

[수세변기 막힘의 실험장치]

<후기>

정부나 회사의 고위직에 있는 의사결정자들이 절수형 수세변기로 바꾸도록 솔선수범을 해 주셔야 하는데, 그렇게 하지 않는 이유중의 하나를 찾아내었습니다. 높으신 분들의 집무실은 대개 층의 양옆에 있는 코너 오피스라고 불리우는 좋은 위치에 자리합니다. 이 장소는 건물의 직각부분의 양옆을 유리창으로 만들면 전망도 좋고, 그 앞을 지나가는 사람의 수도 작기 때문에 집무실로서는 최고의 위치입니다. 개인의 프라이버시를 위하여 집무실에 따로 화장실을 두는 경우도 많이 있습니다.

대개 건물의 화장실과 수직배관은 중앙 부근에 있는데, 코너오피스의 화장실과 수직배관까지의 거리가 멀면 경사가 낮아지게 됩니다. 이때 절수형 수세변기를 쓰면 찌꺼기가 중간에 막히고 냄새의 원인이 됩니다. 이런 경험을 한 높으신 분들은 "절수형은 안돼"하는 경우가 많은듯 합니다. 자라보고 놀란 가슴, 솥뚜껑보고 놀라는 격입니다.

수세변기가 막히는 원인과 해법

딸이 사는 아파트에 가면 항상 기분이 좋습니다. 화장실에 절수변기가 설치되어 있기 때문입니다. 변기에 채울 물의 양이 작으니까 걸리는 시간도 짧고 소리도 작습니다. 6살짜리 손녀도 '우리 변기는 할아버지 집 변기보다 물을 적게 쓴다' 고 알아챕니다. 반가워서 변기의 라벨을 보니 국산 제품입니다. 요새는 국산제품에도 좋은 절수형이 시중에 많이 있습니다.

하지만 옛날의 구식 수세변기와 잘못된 습관으로 변기가 막혀서 고생한분들이 많이 있습니다. 그들의 이야기는 우리나라는 수도요금이 싸니까 물을 아껴 봐야 큰 이득도 없고, 오히려 막혔을 때 고생과 수리비용이 엄청나니 일부러 변기를 바꾸면서 고생할 필요가 없다고 생각합니다. 하지만 물 전문가인 제가 연구하고 경험한 것을 보면 절수형으로 바꾸어도 큰 문제가 없습니다. 물과 에너지 절약을 위한 정책을 펴는 정부 담당자는 누구의 말이 맞고 누구를 따라야 하는지 헷갈립니다. 이때 공학적으로 원인을 파악하면 말끔한 해답을 제시할 수 있습니다.

수세변기가 막히는 원인은 잘못된 사용방법, 수세변기구조, 연결배관의 길이입니다. 첫째, 물에 녹지 않는 기저귀, 물티슈는 물론이고 음식물 찌꺼기까지 버리는 습관입니다. 그러한 습관이 수세변기나 배관을 막히게 합니다. 두 번째는 수세변기구조입니다. 일반적인 수세변기는 물이 잘 빠지고 냄새를 방지하기 위해서 S자 모양으로 된 사이폰관을 이용합니다. 물 사용량을 줄이기 위해 사이폰관의 직경을 줄이면 막히기 쉽습니다. 셋째, 연결 횡 배관의 길이입니다. 이것은 바닥에 묻혀서 안보이기 때문에 잘 신경을 쓰지 않지만 대부분의 문제는 여기서 발생합니다. 찌꺼기가 있는 물이 관을 흘러갈 때 경사(높이차이/배관의 길이)가 있어야 자연스럽게 씻겨 내려갑니다. 가령 바닥의 높이가 30cm라면 그 안에 배관의 직경, 아래 위의 피복두께를 빼면 사용 가능한 높이 차이는 기껏해야 10cm 정도입니다. 길이가 5미터 이내인 아파트의 경우 경사는 2%(10/500)입니다. 만약 화장실을 20미터 정도 멀리 설치하면 경사는 0.5%(10/2000)로 줄어듭니다. 이 경우 적은 물로는 찌꺼기를 흘려보낼 수 없기 때문에 잘 막히게 됩니다.

문제의 원인을 알면 답은 저절로 나옵니다. 첫째, 사용습관은 올바른 홍보로 바꿀 수 있습니다. 여성용 위생용품 넣는 통은 칸막이 안에, 다른 쓰레기를 버릴 쓰레기통을 칸막이 밖에 두고 KS규격의 잘 녹는 화장지만 변기에 사용할 수 있도록 합니다. 둘째, 기준에 맞는 절수형 수세변기를 사용합니다. 그러한 기술과 방법은 얼마든지 있습니다. 미국 환경청의 홈페이지에 4.8리터/회 이하의 변기 3,000개 이상의 모델을 소개되어 있습니다. 그결과 물 많이 쓰는 변기는 모두 시장에서 사라졌습니다. 셋째, 배관의 길이입니다. 수직배관으로부터 먼 거리에 설치된 화장실에서는 물 많이 사용하는 변기를 써야 하지만, 배관길이가 짧은 건물에서는 절수형 변기를 써도 막힘의 문제가 없습니다.

아파트의 경우 대부분의 변기의 횡 배관의 길이는 짧기 때문에 절수형 변기를 설치해도 막힐 우려가 적습니다. 미국에는 절수형 변기를 의무적으로 교체하도록 하거나, 교체 시 보조금을 주어 엄청난 양의 물을 절약하고 있습니다. 물산업도 육성할 수 있습니다. 시장수요가 많아지면 기업들은 점점 더 좋은 첨단의 기술을 개발할 것입니다. 전 세계가 물 부족을 걱정할 때, 대한민국은 그에 대한 대응책으로 좋은 절수형 변기를 찾아, 물 부족의 해답을 찾음과 동시에 기업의 수익도 창출할 수 있습니다.

똥 묻은 휴지, 쿼바디스(어디로 가시나이까)

국어 시간에 '똥 묻은 개, 겨 묻은 개'로 시작되는 속담을 배우지만, 사회에 나오면 점잖은 사람들은 흔히 'X 묻은 개'라고 쓰고, '뭐 묻은 개'라고 읽습니다. 누구나 매일 생산하는 똥이건만,

[똥광]

현실에서는 똥을 똥이라고 하지 못하고 X라고 하고 있습니다. 하지만 화투 칠 때 시어머니에게 "빨리 똥 먹으세요"라고 하는 며느리를 보면 똥이 그다지 어렵거나 회피할 일이 아닌 때도 있습니다.

지난겨울, 일본의 온천여관을 다녀왔는데, 공손한 종업원이 '화장실에서는 휴지를 변기 안에 버려주십시오'라고 쓴 한글 안내문을 보여 주더군요. 한국 사람들이 똥이 묻은 휴지를 변기통이 아닌 휴지통에 버리는 것을 보고 기겁을 하면서도 형식은 정중히 요청하고 있습니다. 이것은 화장실에서의 기본 매너에 대한 개인의 인격과 우리나라의 국격에 관련된 문제입니다.

똥 묻은 휴지를 어디에 버려야 하는지에 대해 공무원, 교육가, 언론인, 친척, 친구 등 여러 사람에게 물어보면 두 가지 부류로 나

누어집니다. 변기 안에 버려야 한다는 사람과, 변기의 하류에 연결된 배관이 막힐까 봐 휴지통에 버려야 한다는 사람입니다. 미관상, 위생상, 그리고 외국의 예를 들면서 신념과 자신감을 가지고 주장합니다. 만약 두 부류가 학교나 공중화장실에서 같이 사용하면 문제가 심각해집니다. 그 결과는, 똥 묻은 휴지가 넘치는 휴지통일 것입니다. 특히 공항이나 호텔에서 화장실을 이용하는 외국인들은 기겁하면서 한국의 이미지는 실추되게 됩니다.

똥 묻은 휴지를 어떻게 버려야 하는지에 대한 정답은 똥을 처리하는 과정에 있는 수세식 변기와 건물 내 배관, 하수관로, 하수처리장으로 구성된 하수도 인프라의 현황과 수준에 따라 다릅니다.

변기에 들어간 휴지는 건물 내의 횡 배관과 수직 배관을 통해 흘러가는데, 횡 배관에서는 똥 덩어리가 흘러가는 물에 의해 저절로 씻겨 내려갈 수 있도록 적절한 경사가 필요합니다. 건물 내의 정화조에 찌꺼기가 보관되는 경우도 있지만, 하수도가 직접 연결된 지역은 정화조가 없습니다. 건물 밖에 있는 하수관로는 경사를 두어 자연의 힘으로 흘러내러 가면서, 하수펌프장을 거치고 하수처리장으로 들어가는데, 하수처리장에서는 생물학적 처리 공법을 쓰고, 처리 후 찌꺼기는 폐기물로 버려집니다.

위와 같은 경로를 보면 어떻게 하는 것이 맞는지 알 수 있습니다. 변기 안에 집어넣을 휴지는 KS규격에 정해진대로 물에 잘 풀어지는 것이어야 합니다. 배관의 지름과 경사는 수세 변기에서 나오는 물만으로 찌꺼기가 자연적으로 흘러가도록 건축조례에 규정되어 있으므로 잘 풀어지지 않는 일회용 휴지나 물티슈, 여성용품, 필요 이상으로 많은 양의 휴지, 음식물 찌꺼기 등을 넣으면 배관이 막힙니다.

도시 내 하수관로는 경사가 점진적으로 급하게 만들어야 하는데, 설계나 시공의 잘못으로 경사가 급하다가 완만해지는 부분이 있습니다. 이 부분에서는 갑자기 유속이 느려지므로 찌꺼기가 쌓이고, 부패되어 냄새가 나게 됩니다. 건물의 배관과 도시의 하수도 인프라에 문제가 있는 경우에는 주민들은 휴지를 변기 안에 버리지 말아야 합니다.

[휴지는 변기에 버리세요]

이 과정을 알면, 똥 묻은 휴지 쿼바디스의 정답은 개개인의 윤리나, 도덕관, 지식의 정도에서 결정되는 것이 아닙니다. 그 지역의 건물 배관이나 하수관과 같은 인프라 설치 방법과 현황에 따라 결정되는 것입니다.

물을 먹을 때 근원을 생각하라고 말이 있습니다. 이와 비슷하게 똥이 묻은 휴지를 버릴 때는 그것이 흘러내려 가는 과정과 종착지를 알고 그 시스템에 맞게 버려야 할 것입니다. 따라서 정부나 지방자치단체에서는 지역의 건물이나 하수도의 실정에 맞는 규격이나 기준을 만들고 교육과 홍보를 통해 시민들의 협조를 구해야 합니다.

국격을 평가하는 가장 효과적인 수단은 공공 화장실입니다. 선진 국민이라면 똥 묻은 휴지를 잘 버리는 법부터 알아야 할 것이며, 이 문제를 범국민적으로 개선하기 위한 건축, 환경, 교육에 관련된 정부부처의 종합적인 대책이 필요합니다.

<후기>

이러한 글을 쓴 이후 다행스럽게 우리나라에서는 2017년 5월 국무회의에서 공중화장실의 칸막이 안에는 휴지통을 두어서는 안 되고, 여성용품은 별도의 수거통을 칸막이 안에 설치해야 한다는 공중화장실법 시행령이 통과되었습니다. 그 이후 우리나라에서는 공중화장실 칸막이 안에는 똥 묻은 휴지가 넘쳐나는 일이 안 보이게 되었습니다.

빌 게이츠의 화장실 사랑

빌 게이츠의 깜짝 쇼

마이크로 소프트를 만든 세계적인 부호 빌 게이츠가 최근 화장실에 대한 경각심을 높이기 위하여 깜짝 쇼를 했습니다. 2018년 11월 중국의 화장실 엑스포에서 기조연설을 할 때 투명한 병에 담긴 노란 물체를 가지고 나왔습니다. 그것은 금방 생산된 똥이었습니다. 이 똥 안에 사람들의 병을 일으키는 미생물과 기생충 알이 있고, 전 세계에서 26억 명의 사람이 화장실이 부족하여 고통을 받고 있다고 이야기하면서 전 세계 사람들에게 충격과 경종을 울려주었습니다.

사실 지위가 높고, 점잖은 신사 숙녀 여러분들은 똥, 오줌이나 화장실 이야기를 입 밖에 꺼내지 않는데, 이와 같은 깜짝 쇼로 경각심을 불러일으킨 것은 참 고무적인 일입니다. 사실 어떤 문제가 있을 때 말을 안 한다고 문제가 없어지는 것은 아닙니다. 똥 문제를 해결하기 위해서는 똥 이야기를 공개적으로 말하는 분위기를 만드는 것부터가 문제 해결의 실마리가 됩니다.

우리가 늘 사용하고 있는 수세식 화장실을 개도국에서 이용할 수가 없는 이유는 물을 공급하고, 하수를 처리하는 인프라가 만들어지지 않았기 때문입니다. 전 세계 10억명은 아직도 재래식 화장실을 사용하고 있고 또 10억명 이상은 구덩이를 파거나 노상에서 일을 봅니다. 그 결과 배설물로 인해 오염된 물과 음식물로 인한 설사병으로 매년 150만명이 죽어가고 있는데 이는 에이즈와 말라리아로 인한 사망자 수를 합친 것보다 많은 것입니다. 만성적인 설사로 아이들의 몸과 마음, 면역체계는 심각한 타격을 받고 있습니다. 이런 상황은 특히 여성들과 어린 소녀들에게 가혹합니다. 밤에 제대로 칸막이가 쳐져있지 않거나 공중화장실을 사용할 때 폭행의 위험에 노출되거나, 생리기간에는 학교나 직장에 갈 수 없기 때문이지요.

이를 해결하고자 빌게이츠는 그의 부인 멜린다와 함께 재단(BMGF: Bill and Melinda Gates Foundation)을 설립하여 화장실 개발을 위한 연구비를 지원하고, 중국과 인도를 비롯하여 전 세계의 개발도상국에 화장실의 보급을 위한 사업을 지원해주고 있습니다.

화장실 재 발명 프로젝트

빌게이츠 재단에서는 지난 2011년부터 7년간 미국, 스위스, 영국 등 세계의 유명한 대학교와 연구소에 2억 달러의 연구비를 지원하여 여러 종류의 신세대 첨단 화장실을 개발(Reinvent Toilet)

하는 아이디어 공모전을 하였습니다. 물과 전기를 사용하지 않으며, 건설비와 유지관리비가 적게 드는 지속가능한 화장실을 만드는 것이 목표입니다. 그 작품들을 자랑하면서 전 세계를 돌아다니면서 화장실 전시회를 하고 개발도상국에 그 화장실 기술을 보급하는 노력을 해왔습니다. 지금도 세계 각지의 대학과 20여 개가 넘는 기업과 협업해 만든 '신기술 화장실'이 현재 인도, 아프리카, 중국 등지에서 시범 운영하고 있습니다. 그중 실용화 단계에 들어선 제품들을 세 가지 정도 소개하려고 합니다.

1)태양광 전력 화장실 (미국 캘리포니아 공과대학)

먼저 소개할 에코산(Eco-san)사의 화장실은 '화장실 재발명' 공모전에서 1등을 차지한 미국 캘리포니아 공과대학(칼텍)의 '태양광 전력 화장실'입니다. 이 화장실은 8개의 화장실 칸이 모듈 형태로 붙어 있고, 대소변을 분리하지 않고 정화조에 받아 전기분해

[eco-san의 태양열 전력 화장실 시설]

와 미세필터를 통해 여과시키는 원리로, 액체는 재사용하고 고체
는 1년에 한번 제거하면 해주면 됩니다. 전력은 지붕에 태양광 패
널을, 내부에서 사용되는 물은 소변을 재활용하기에 추가적인 물
을 공급할 필요가 없게 설계되었는데요. 이 화장실을 중국 장수성
의 한 초등학교에 실제 설치되었습니다.

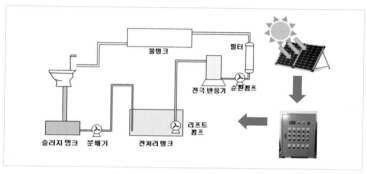

[Eco-san 태양열 화장실 작동원리]

아이디어와 기술력은 대단하지만 복잡한 설계는 초기 건설비용
을 가중시켰습니다. 한번 물을 내릴 때마다 5센트(50원)의 비용
이 든다고 합니다. 그런데 만약 이 화장실이 고장 나는 날에는 전
문가가 고쳐줄 때까지 화장실을 사용할 수 없을 것이라는 조금 아
찔한 상상도 하게 됩니다.

2)나노막 화장실 (영국, Cranfield University)

영국 크랜필드 대학에서는 '나노막 화장실' 을 개발하였습니다.

이 화장실은 2015년 게이츠 재단이 주최한 대회에서 수상하여 500만 달러의 보조금을 받고 진행되어 2016년부터 아프리카의 가나에서 시범 운영 중 입니다. 10명 정도의 가족이 사용할 수 있고 물이나 외부에너지를 사용하지 않는 장점이 있습니다. 용변을 건조 후 소각방법을 사용하기 때문에 사용자들이 일주일에 한 번 변기 안에 남은 잿더미를 치우면 되는 간단한 유지관리가 특징입니다.

[나노막 화장실]

이 화장실의 원리는 먼저 변기 뚜껑을 닫으면 톱니로 맞물린 바닥이 뒤집어지며 배설물을 탱크로 떨어뜨립니다. 이로 인해 탱크를 외부와 차단시켜 악취를 막고 배설물을 탱크의 바닥으로 침전시킨 다음 작은 알갱이로 만들어 건조시키게 됩니다. 충분히 건조된 알갱이들은 작은 소각로에서 연소되며 전기 에너지를 생산하는데 사용됩니다. 여기서 발생한 전기로 휴대전화 등 저전압 제품을 충전할 수 있으며, 2~6W 정도로 USB 포트 정도의 출력을 낼 수 있다고 합니다. 소변도 나노막 여과기를 통해 정화하면 최대 87%를 가정용수, 농업용

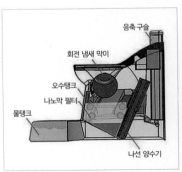

[나노막 화장실 구조]

수 등으로 재사용할 수 있습니다.

　이 화장실은 똥과 오줌을 이용하여 전기를 공급하고 물을 재활용한다는 발상은 좋았으나 소변과 대변의 영양분을 걸러내야 하니 복잡한 구조의 여과막이 필요로 하게 됩니다. 그것을 조달하기 위해서는 또 남에게 의존하여야 하니, 결과적으로 간단한 처리를 복잡하게 만들기 때문에 하나는 알고 둘은 모르는 셈이지요.

[Loowatt 화장실]

3)Loowatt

　'Loowatt'화장실은 Loowatt 회사에서 발명되어 2012년부터 마다가스카르에서 시범 사업을 시작하였고 2013년 게이츠 재단이 주최한 '상품성 생산 무수 화장실 개발' 대회에서 수상하여 125만 달러의 지원을 받게 되었습니다. 이 변기는 앞서 소개한 두 변기와는 달리 변기 자체에 특수한 장치가 붙어 있지는 않습니다. 화장실의 원리는 우선 변기에 일을 보고 레버를 내리면 변기에 부착된 팩이 밀봉되어 수납칸으로 떨어집니다. 입구와 저장 칸은 완전히 분리되어 있어 악취를 발생시키지 않으므로 일정기간 저장해 두는데 무리가 없게 되는데요. 배설물을 처리하는데 사용된 팩 역시 생분해성으로 땅 속에서 자연 분해되는 성분으로 친환경적인 장점이 있습니다. 수납

칸이 가득 차면 팩을 꺼낸 뒤 별도로 마련되어 있는 분해 장치로 가져가 넣습니다. 이 장치는 미생물을 활용해 물 없이 배설물을 자연 분해하고 그 과정에서 얻어진 천연 메탄가스를 취사나 난방에 사용하거나 저전압 충전을 할 수도 있게 됩니다.

이 화장실은 앞선 두 화장실에 비하면 원리가 간단하다는 점과 친환경적인 점이 칭찬할 만합니다. 하지만 배설물을 처리할 때 쓰는 팩을 지속적으로 구매해야 하는 것은 사용자 입장에서 부담스러울 수도 있습니다.

첨단 화장실보다 해우소(解憂所)

하지만 저는 미안하지만 빌게이츠가 선정한 화장실들을 보고 과연 개도국 사람들이 이것을 지속가능하게 사용할까에 대해 매우 회의적입니다.

첫째, 기술적인 문제입니다. 첨단시설과 기기를 사용하였지만 과연 개도국 사람들이 계속 사용할 수 있을까. 그 복잡한 기계 시설 중 부속 하나라도 망가지면 개도국의 사람들이 고칠 기술이나 자재 보급방법이 있을까? 그리고 지역주민들이 그것을 유지하기 위한 동기가 생길까하는 등의 생각입니다.

둘째는 경제적입니다. 변기 하나를 만드는데 생산 비용이 1000달러(약 120만원) 정도로 다소 높습니다. 변기를 가려주는 화장실 건물은 별도입니다. 한 가지 부품이라도 고장이 나는 경우에는 그

것을 구입하기가 매우 어렵거나 비싸게 됩니다. 그렇게 되면 애써 돈 들여 만들어진 화장실이 지저분하게 관리되어 더욱 더 사람들이 멀리하게 됩니다. 하루 벌어 하루 먹고 사는 사람들에게 그 유지관리비는 커다란 부담이 됩니다.

셋째는 사회적인 인식입니다. 서양 사람의 똥오줌은 폐기물로 버려야 한다는 철학을 가지고 있습니다. 따라서 똥오줌을 어떻게 하면 기계적으로 잘 없앨까만 생각하니 돈이 많이 듭니다. 이러한 첨단 기술은 개도국 사람들에게는 매우 생소하고, 돈만 들어가니 주인의식을 가지고 운전하기는 커녕 기피하게 됩니다.

혹시 똥, 오줌을 자원이라고 생각하고, 기술적으로 간단하고, 경제적으로 돈을 벌어주며, 모든 사람들이 나서서 주인의식과 관심을 가지고 화장실을 유지 관리하는 방법은 없을까요 그러한 기술적, 경제적, 사회적으로 지속가능한 화장실이 있다면 빌게이츠 재단 사람들에게 돈을 엉뚱한데 쓰지 말고 이런데 쓰라고 권해주고 싶습니다.

재난용 휴대용 변기

화장실때문에 난처했던 경험들

초등학교에 변기가 지저분하여 학생들이 꾹 참고 있다가 집에 와서 용변을 보는 일, 여행 중에 화장실에 자주 가지 않으려고 먹거나 마시는 것을 꺼렸던 일, 한적한 둘레길을 걷거나 등산을 가다가 갑자기 배가 아파 당황했던 일, 아파트에 갑자기 단수가 되어 변기를 사용하지 못해 불편 했던 일, 화장실에 휴지가 없어 황당했던 일, 화장실이 없어 한적한 곳을 찾아 헤매다가 봉변을 당한 일 등, 아마 모두들 한번쯤은 경험 했을 겁니다. 특히 이런 일들은 신체 구조상 여성들에게는 매우 심각한 고민거리지요. 얘기하길 꺼려하는 주제이지만 사실 화장실은 모든 사람들에게 아주 절실한 곳입니다.

화장실을 간단히 보지마라

화장실이란 달랑 변기만으로 만들어 지는 것이 아닙니다. 변기 외에 격리된 공간, 휴지, 조명, 환기 등 많은 것이 필요합니다. 수세변기에서 사용하는 물의 양이 엄청나게 많습니다. 그

물을 공급하기 위해서는 댐, 정수장에서부터 상수 관로로 연결되어야 하고, 또 거기서 나오는 오물을 모아서 하수처리장까지 보내기 위한 하수 관로가 필요합니다. 이들 중 하나라도 부족하면 작동이 안되어 낭패를 당합니다. 한번 만들어서 잘 운영하려면 유지관리비용도 만만치 않습니다. 한적한 산길에 화장실을 만들 수 없는 이유이지요.

현재 전 세계에서 깨끗한 식수를 공급받지 못하는 인구가 10억 명이고, 위생적인 화장실의 혜택을 보지 못하는 인구가 26억 명입니다.

이것을 해결하고자 유엔을 비롯한 세계 각국에서 돈과 머리를 짜내고 있습니다. 빌 게이츠는 화장실 문제를 해결하는데 자신의 전 재산을 투입하겠다고 합니다. 중국과 인도의 지도자들은 화장실 혁명을 소리 높여 외치고 있습니다. 화장실 문제는 인류 역사와 함께 해 왔습니다. 이러한 문제를 해결하는 방법이 없을까요?

우리 선조들은 화장실을 해우소라고 불렀습니다. 몸에 있는 찌꺼기를 버리고, 혼자만의 공간에서 사색을 하면서 마음의 근심을 없애는 곳이라는 뜻이 담겨있지요. 이것은 전 세계의 물 문제를 해결하기 위한 가장 우수한 철학입니다. 이러한 철학에 IT나 신소재 등 첨단기술을 접목시키면 전 세계의 문제를 해결하고 돈도 벌수 있는 기회가 됩니다.

재난지역의 심각한 화장실 문제와 해결방법

재해 재난이 발생하면 전 세계 모든 구호단체나 정부가 비상키트를 제공하게 되어있습니다. 가장 먼저 제공되는 구호품은 의약품, 담요, 물, 음식, 텐트로 이루어져있는데 사실 화장실에 대한 부분은 매우 소홀히 치부됩니다(먹으면 당연히 싸야 하는데...).

아이티 대지진, 쓰촨성 재앙 때에도 텐트 등은 지급이 되었지만 화장실의 공급은 항상 가장 늦게 공급 되는 바람에 이재민의 주위에는 보건 위생적으로 매우 불결하고 전염병이 창궐하는 조건을 만들었습니다. 1차적인 조치를 잘못하면 모든 구호가 끝날 무렵 2차 재앙인 장티푸스 등 전염병이 돌게 됩니다.

재난지역에 화장실에 관련된 또다른 문제가 있습니다. 재난지역에서는 주로 텐트 주변에 FRP로 만든 간이화장실을 설치하기도 합니다. 이 주변은 관리가 잘 안 될 뿐 아니라 재난지역은 치안이 매우 불안하므로 어린아이들과 여성을 노리는 범죄도 많이 발생한다는 유엔여성인권보고서가 있습니다.

이것을 해결하기 위하여 비상용 휴대용 변기를 개발하였습니다. 119 토일렛은 접이식 종이 양변기입니다. 가족단위의 텐트 안에서 15일간을 사용할 수 있는 화장실입니다. 119 토일렛은 악취 등을 예방하는 생화학제와 생분해 비닐팩을 함께 제공하여 배설물을 우선 분리하고 안전하게 사용하게 하는 것입니다.

　프라이버시를 위해서 펴고 접기 쉬운 텐트를 이용하여 그 안에 119토일렛을 두면 아주 쉽게 간이 화장실이 만들어 집니다. 남,여 별로 하나씩 만들어도 되고 가족단위로 만들어도 됩니다. 재난지역은 인구밀도가 높고 오수와 식수의 분리가 불가능하기 때문에 화장실이 매우 중요합니다. 한 가족이 15일을 견디는데 필요한 119토일렛 1set는 30,000원입니다.

　이 119토일렛은 재난시에만 필요한 것이 아니고 화장실이 설치되어 있지 않은 둘레길을 가거나 오지에 갈 때 가지고 가면 매우 난처한 상황을 피할 수 있습니다.

[119 화장실 텐트]

생분해 비닐백
(일반비닐로 대체될 수 있음)

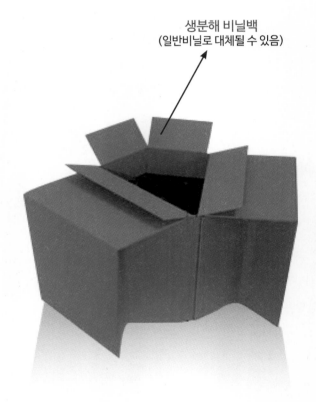

■ 위기대응 긴급구호, 휴대용 화장실

- 운반에 용이한 사이즈(230×300×75)
- 항공기로 공중투하 가능(빠른보급가능)
- 편리한 사용법(간단한 처리방법)

- 친환경소재(종이, 생분해 재질)
- 높은 내구성(한계하중 300㎏)

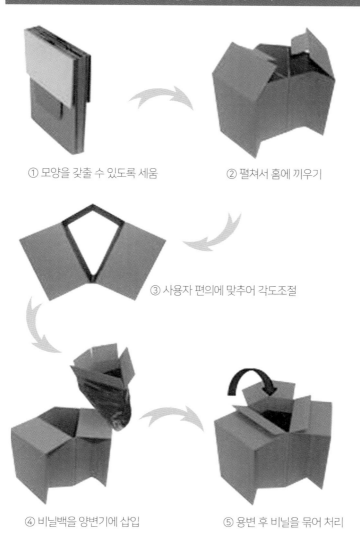

① 모양을 갖출 수 있도록 세움

② 펼쳐서 홈에 끼우기

③ 사용자 편의에 맞추어 각도조절

④ 비닐백을 양변기에 삽입

⑤ 용변 후 비닐을 묶어 처리

깨끗한 물의 시작

이 지 은

한국국제협력단(KOICA) SDG 성과관리팀, 물분야 담당관

몇 해 전 동아프리카의 케냐라는 곳으로 출장을 갔을 때의 일입니다. 케냐 동북부에 위치한 분고마주는 우간다의 접경지역에 위치하고 있어 인구가 꾸준히 늘어나고 있는 데 반해 먹는 물이 너무 부족했었습니다. 저는 대한민국의 원조기구인 한국국제협력단(KOICA)에서 물 분야 사업을 기획하는 일을 담당하고 있었기에 그 당시 그 문제를 해결하기 위해 그 지역으로 찾아갔습니다.

정확히 그 지역의 문제를 파악하고 해결책을 논의해야 했습니다. 그 마을 사람들은 한국에서 온 우리를 깨끗한 물의 시작(수원)이라는 산속 골짜기로 안내했고 그 곳에서 보란 듯이 물을 퍼 마시기 시작했습니다. 그리고 그 수원으로 물을 바로 급수 받을 수 있도록 요청했습니다. 그러나 그 다음날 물을 마구 마시던 주민은 배탈이 나서 더 이상 우리의 일정에 합류할 수 없었습니다.

깨끗한 물이었지만 왜 그랬을까요? 그곳은 코끼리가 다니던 길의 길목이고 코끼리들의 수원이었습니다. 코끼리들은 사람의 인적이 드문 새벽에 그 곳에 와

서 물도 마시고, 시원하게 목욕도 하고, 대·소변도 보았던 것이죠. 이렇듯, 오염 중에서 가장 큰 문제는 오염된 물을 식수로 사용하는 것입니다. 사실 분뇨에 오염되지 않은 물을 마셨던 때는 19세기 중반까지 동서양 어디에도 없었다고 합니다. 예컨대 강이나 하천의 상류에서 오물이 버려졌던 물들이 하류까지 그대로 내려와 식수원으로 사용되었기 때문에 상류를 항상 깨끗하게 유지해야 했으나 상류지역에 사는 사람들에게 하천에서 가축을 키우거나 빨래를 하지 못하게 할 수는 없었습니다. 그런 오염된 물을 마셔야 했으니 19세기 초반까지는 인류가 수인성 질병에 시달려 평균 수명 30세를 넘기 힘들었습니다.

물론 18세기 후반부터 발명되는 백신들로 인해 인류의 평균 수명은 크게 늘어났지만, 사실 백신의 접종으로 사망률이 감소한 것은 약 1.5%에 불과했다고 합니다.[1]

그렇다면 갑자기 수명이 빠르게 늘어난 이유는 무엇이었을까요?인간의 평균 수명의 연장은 의학의 발전보다는 깨끗한 물의 공급 및 하수처리로 인한 위생 상태 개선이었다고 연구논문들은 이야기 하고 있습니다.

전 세계는 UN 주도로 지속가능한 발전목표(SDGs, Sustainable Development Goals)의 17개의 목표를 정하고 인류의 지속가능한 발전과 생존을 위해

---

1) 클라이브 폰팅, 2003, 「녹색 세계사」, p. 371~372

　각 분야에서 정책 마련 및 실제 행동들의 목표달성 이행을 하고 있습니다. 특히, 물과 위생부분은 "SDG 6 건강하고 안전한 물 관리"에서 세부 목표를 설정하고 2030년까지 현재보다 더 나은 세계를 만들기 위해 노력하고 있습니다.

　이 책은 물과 위생이라는 전문적인 내용과 많은 관련 사례를 들어 누구나 이해하기 쉽도록 친절하게 담아내고 있을 뿐만 아니라 한무영 교수님의 생생한 체험이 담겨있어, 이 책을 읽는 것만으로도 똥과 물이 인류에서 얼마나 중요했는가의 사실을 깊이 이해하고 나도 같이 작게나마 생활실천을 통해 보다 나은 내일을 위해 함께할 수 있는 소중한 마음을 들게 할 것입니다.⊞

똥과 오줌을 모아 비료로 사용하는 모습
한국, 중국, 일본, 베트남과 같은 농경사회에서의 모습

Chapter 5

재미있는 똥 프로젝트

똥모으기 운동

북한의 퇴비 모으기 작전

2013년도 텔레비전 프로그램에서 북한의 화장실에 대한 내용이 소개된 적이 있습니다. 매 새해가 되면 북한주민들은 똥을 모아서 비료를 만들기 시작한다는 내용이었습니다. 그 이유는 북한에서는 겨울이 되면 할 일이 거의 없어서, 설날 다음날에 일반적으로 하는 일이 비료를 생산하는 일이라고 합니다. 북한에서는 화학비료가 매우 귀한데요, 사람의 똥은 매우 좋은 퇴비로 이용되기 때문입니다.

이 때문에 웃지 못한 일들이 생기는데 바로 집집마다 화장실을 잘 지켜야 한다는 겁니다. 바로 똥을 몰래 훔쳐가는 사람들 때문인데요, 항상 화장실을 잠가서 관리를 한다고 합니다.

[북한의 화장실 모형]

[퇴비를 운송하는 북한사람들]

우리나라에서는 쉽게 상상이 안가는 모습이죠 여기서 한 가지 북한에서는 혁명과업이라는 이름으로 바로 가구당 5톤 정도의 똥으로 만든 퇴비를 내놓아야 한답니다. 퇴비를 만들 때 똥과 풀을 섞어서 만드는데 풀은 얼마든지 구할 수 있지만 똥은 사람이 만들어내는 것이기 때문에 목표량을 쉽게 채울 수 없습니다. 그래서 짐승의 똥은 물론 길거리에 있는 개똥까지도 수거해 간답니다. 할당된 똥의 양을 메꾸기 위해서 돈을 주고 똥을 사와야 하는 일도 벌어지고 있다고 합니다.

[퇴비를 만드는 사람들]

[퇴비를 사용하는 사람들]

우리나라의 똥모으기 전통

저는 위의 프로그램을 보면서 한참 고민을 하게 되었습니다. 빗물을 잘 이용하면 식수 및 홍수 가뭄 등의 물 문제를 해결할 수 있다는 것을 알고 방안을 제시해 왔습니다. 그보다 더 시급한 것은 화장실 문제라는 것을 알았고, 이것도 제가 가진 기술로 풀어나가야 하겠다는 생각에 앞으로는 똥의 과학적 연구, 올바른 화장실 사용을 위한 대국민 홍보와 교육을 하는 똥박사가 되고자 합니다. 그동안 연구 개발한 화장실이 에코토일렛(eco toilet)입니다. 바로 화장실을 사용하면서도 비료를 얻을 수 있는 기술입니다.

빌 게이츠가 자신이 평생 모은 거금을 내놓고, 전 세계의 화장실 문제를 해결해 주겠다고 발 벗고 나섰습니다. 중국이나 인도에서도 지도자들이 화장실 혁명을 외치고 있습니다. 우리 선조들의 화장실 철학과 현대의 첨단기술을 합하여 전 세계의 근심을 해결하면서 돈도 벌수 있는 방법을 찾아보겠습니다. 똥모으기 운동은 똥을 폐기물이 아니라 자원으로 생각하고 있다는 면에서 혁명적인 발상입니다. 아시아의 전통적인 농경문화에서 만들어진 전통에 근거한 것이기 때문에 동양의 사람들이 쉽게 이해합니다. 그래서 물을 많이 쓰고, 오염물질을 많이 발생시키는 현재의 물 문제에 대한 답이 나올 수 없습니다.

　똥을 자원이라고 생각하는 우리나라에서 전 세계 물문제의 해법을 찾을 수 있다는 생각을 가지고 있습니다. 이런 면에서는 대한민국과 북한의 똥 모으기 지혜를 현대과학과 접목시켜 새로운 혁명적인 발상의 물관리를 개발하여 전 세계의 물문제의 해법을 찾는 것은 아주 훌륭하고 거룩한 목표가 될 것입니다.

초등학생들의 따뜻한 마음

아이들은 어른들의 선생님

  인천명현 초등학교 5학년 학생 92명이 6월 19일 일일 셰프로 나섰습니다. 1주일간 "나와 다른 사람들" 이라는 주제로 다른 문화에 대해 이해하는 자세에 대해 배웠답니다. 피부색깔과 얼굴생김이 달라도, 서로를 존중하면서 배려하며 살아야 한다는 것을 알았답니다. 교육 마지막 날 다문화 체험 행사로 한국, 태국, 영국, 필리핀, 네팔 등의 음식을 만들어서 팔았습니다. 각자가 만든 음식을 팔기 위해 5학년 학생들은 적극적으로 자신들의 음식을 홍보하였습니다. 선생님과 학생이 너도

[네팔구호 모금함]

[체험행사를 가득 메운 아이들]

나도 지갑을 열면서 음식을 사주었답니다. 한 선생님은 샌드위치 한 점 드시고 비싼 요릿값을 내기도 하였습니다. 여기서 얻어진 수

익금을 어디에 쓰려고 이런 행사가 벌어졌을까요?

인터넷으로 클라우드 펀딩을 하기 위한 저의 똥타령, 물타령 프로젝트를 읽고 119토일렛의 필요성을 알아 챈 5학년 선생님이 연락을 주시어 이 기적 같은 일이 현실화되었습니다. 수업시간에 다음과 같은 강의가 있었겠지요? 지진이 난 재난 지역에서 가장 부족해서 문제가 되는 것이 깨끗한 물입니다. 용변의 위생적인 처리를 못해서 중세 유럽에서는 도시민의 반 이상이 괴질에 걸려 죽었다는 역사도 있습니다.

현재 지진이 난 네팔도 물 공급과 변변한 화장실과 처리시설이 없어서 문제입니다. 지진 때문에 화장실건물이 망가져서 사람이 없는 한적한 곳을 찾아가다 봉변을 당한 경우도 있습니다. 이러한 네팔의 지진피해지역에 물 안 쓰는 운반할 수 있는 개인용 화장실이 반드시 필요합니다. 강의를 들은 후 선생님과 학생들은 네팔에 있는 분들에게 이러한 화장실을 보내면 좋겠다는 생각을 하였습니다.

특히 모금액이 목표성이 없이 기부되어 어디로 쓰이는지 모르게 보내는 것보다, 화장실을 현물로 구입하여 보내주고, 나중에 어떤 효과가 있는지에 대해서 알았으면 좋겠다는 의견이셨습니다. 다른 선생님들도 찬동하시고 모금에 참여하셨습니다. 학부모님들에게도 가정통신문을 돌려 이러한 취지를 설명하고 이해를 구했습니다. Daum의 스토리 펀딩의 저자인 저에게도 연락을 해서 저도 기꺼이 학생들을 만나러 갔답니다. 왜 필요한지, 어떻게 쓰일 것인지 설명을 해주었답니다.

이날 모인 돈은 141만 7650원. 가게에서 주전부리를 살 것을 학교에서 마음 놓고 사 먹은 학생, 지갑에 가지고 있던 돈을 선뜻 네팔 사람들을 위해 모금통에 집어넣은 학생, 3년간 저금통에 모은 동전 꾸러미를 기꺼이 내신 선생님이 힘을 합하여 성금을 모았습니다.

이 돈을 포함한 모금액을 서울대학교 글로벌 사회공헌단을 통해 네팔의 국립대학에 119 화장실을 보내어 필요한 분들께 나누어 드릴 것입니다. 가능하다면 명현초등학교와 네팔의 한 초등학교와 연결해서 주면 나중에 좋은 친분도 쌓을 수 있지 않을까요?

백가지 말보다 한 가지 행동을 실천하고 학생 스스로 결정하고 행동할 수 있도록 한 인천명현초등학교의 선생님들이 존경스럽습니다. 의미 있는 행사를 즐겁게 자체적으로 벌인 학생들이 대견스럽습니다. 이것을 마음속으로 지원해주신 학부모님들도 고맙습니다. 이 학교의 학생들은 저절로 전 세계의 물에 관한 문제점이 물과 화장실 때문이라는 환경교육을 받은 셈이며, 남을 배려하는 즐거움도 알고, 나중에 국제적인 감각이 있는 지성인으로 클 것입니다.

전국의 다른 학교에서도 이러한 행사를 참고하고 응용하여 전세계의 물문제와 우리의 물·문제를 같이 생각하고, 다른 문화권의 친구들과 함께 어울려 사는 즐거움을 느끼도록 하면 좋겠습니다.

네팔에 화장실 보내기

네팔에서 서울공대 기계항공공학부에 유학을 온 퍼우델 시라워즈학생이 있습니다. 고향이 지진으로 폐허가 되었다고 슬퍼합니

[119 화장실을 체험하는 아이들]

다. 방학이 되어 고향의 피해복구를 위해 무엇이 필요할까 생각을 하다가 119 화장실을 보았습니다. 지진으로 땅이 뒤틀리니까, 땅 속에 있는 관들도 뒤틀렸겠지요? 수돗물이 안 나옵니다. 가장 큰 문제가 화장실. 문명의 이기라고 잘 사용해오던 수세변기가 물이 없으면 무용지물이 되는 것은 물론, 불결과 전염병의 온상으로 골치 덩어리가 된다는 것을 현지의 가족으로부터 들었답니다. 짐이

[체험활동 후 단체사진]

많아서 우선 2개만 보냈습니다. 한번 써보고 정말로 필요한지 아닌지, 그리고 기술적인 개선이나 문화적인 고려사항도 알려줄 것입니다. 공대 학생이니까요. 그 결과를 기대해봅니다.

한국아동청소년 그룹홈협의회에서도 연락이 왔습니다. 아동 청소년을 위한 소규모 생활공간을 운영하는 단체입니다. 지진 참사가 난 네팔에 자매기관이 있답니다.

몇 번 가보았는데 거기서 가장 필요한 것이 이 변기일 것이라고 판단하였답니다. 핸드캐리 하는데 무게가 한계가 있으므로 일단 40개를 구입해서 가지고 갔습니다. 이분들이 생생한 현장의 목소리를 가져다 줄 것입니다.

[모금활동에 참여하는 아이들]

[모금액을 전달하시는 선생님]

[119 화장실을 들고있는 네팔학생]

[현지에 전달된 119 화장실 선생님]

반구대 암각화를 살리는 수세변기

빗물박사, 국회 국정감사 증인으로 서다

2016년 9월 29일 난생 처음 국회 교육문화위원회의 국정감사 증인 발언대에 섰습니다. TV 뉴스를 보면 양 옆에는 유명한 여야 국회의원들이 앉아서 날카로운 질문을 하고, 정면에는 높으신 행정부의 장이 발언대에 서고 그 뒤에는 행정부의 국장, 과장들이 앉아 있고, 밖에는 미처 들어오지 못한 서기관, 사무관들이 의자도 없이 바닥에 쪼그리고 앉아 있는 장면이 눈에 선하시지요? 기자들도 많이 와서 취재에 열을 올리고 있고, 만약 이상한 이야기를 하거나, 잘못하는 날에는 그날 저녁 뉴스거리가 되기도 하는 그러는 곳이지요.

제가 무슨 잘못을 했느냐고요. 아니요. 다만 저는 토목분야의 상하수도의 전문가로서 반구대 암각화를 살리기 위하여 새로운 패러다임의 물문제의 대안을 제시하려고 간 것입니다.

처음에 들어가니 문화재청장 이하 산하기관장들이 자리를 꽉 채우고 있습니다. 일행도 없이 혼자 간 저는 앉을 자리가 없어서 자리를 찾다가, 저 건너편에 빈자리가 있어서 마이크 앞을 지나가서 자리에 앉았더니, 국회 직원이 와서 마이크 앞으로 지나가면 안되고 뒤로 돌아가야 한다고 핀잔을 줍니다. 그 때부터 이곳이 매우 어려운 곳이라는 것을 실감을 했습니다.

그 날 저에게 주어진 시간은 15분 정도.

저에게 이날은 특히 바쁜 날이었어요. 그날 아침 비행기로 유럽 출장에서 돌아오고, 그날 오후 미국으로 가는 일정이 잡혀 있어서 컨디션이 매우 안 좋았어요. 말하고 나니 입이 바짝바짝 타더라고요.

당시 교문 위 소속 국회의원이었던 손혜원 의원이 반구대 암각화의 보전 문제는 다름 아닌 울산시의 물문제다 라고 결론을 짓고, 저에게 울산시의 물 문제를 검토하고 새로운 대안을 제시해 달라는 요청을 하여 제가 보고서를 작성하고, 그것을 발표하는 자리였습니다.

반구대 암각화가 물에 잠겼다 나왔다하는 것을 물고문이라고 하면서 그것을 방지하는 방법에 대해 논의를 하는 장소였는데 저는 빗물을 사용하고, 절수를 하면 물 부족을 해결할 수 있다고 구체적인 수치를 들어 전문가의 의견을 제시하였습니다. 그중 가장 간단한 방법으로 초

[반구대 암각화]

절수형변기로 바꾸자는 것을 제안했지요. 원래는 국감장에 수세변기 실물을 가지고 와서 보여주자는 계획도 있었습니다. 그러면서 울산시민들이 성숙한 시민의식으로 오염된 공업도시로부터 친환경도시로 바꾼 것처럼, 이제는 자발적인 물 문화를 만들어 반구대 암각화를 살리는 문화도시로 바꾸자는 제안으로 마쳤습니다.

답변에 나선 나선화 문화재청장은 "새로운 대안을 환영한다"며 수자원관리공사등 관계기관과 협의를 추진하겠다고 했습니다

만, 그 이후 문화재청, 울산시, 수자원공사 등 저에게 물어본 사람은 아무도 없고, 아무 일도 일어나지 않았습니다. 행정부의 장이 그냥 지나가는 요식행위로 빈말만 하고 끝나는 것이라면 국감을 하는 이유와 그 중요성에 대해서 의문이 갑니다.

그러한 와중에 새로운 대안이 없이 지금까지 시간만 흘러가고 반구대 암각화에 대한 물고문은 현재도 계속 진행중입니다.

　울주 대곡리 반구대 암각화(Bangudae Petroglyphs)는 울산광역시 울주군 언양읍에 위치한 암각화입니다. 세계에서 가장 오래된 고래사냥 암각화로, 태화강 상류의 지류 하천인 대곡천의 중류부 절벽에 위치하고 있습니다. 대한민국의 문화재로 1995년 국보 제285호로 지정되어있으며, 유네스코 세계유산의 후보 목록인 세계유산 잠정목록에 '대곡천 암각화군' 으로 묶여 등재되어 있습니다.

　이름에서 반구대는 거북이가 엎드린 형상을 하고 있는 인근의 기암절벽 이름입니다. 암각이 새겨진 바위는 주로 너비 약 8~10m, 높이 약 4~5m의 부분이며, 주변 10여개의 바위에서도 암각화가 확인됩니다. 신석기시대부터 청동기 시대에 걸쳐 당시의 생활상이 지속적으로 새겨진 것으로 추정합니다. 동물들과 이를 사냥하는 사람 등이 새겨져 있으며, 이 중 고래의 비중이 큽니다. 이 암각화는 지금까지 지구상에서 알려진 가장 오래된 포경유적입니다.

　하지만 암각화는 사연댐이 완공된 1965년 이후인 1971년 12월에 발견되면서 문제가 되었습니다. 사연댐 완공 이후, 매년 대곡천의 수위가 상승하는 6~8개월의 기간동안 물속에 잠기어 훼손되고 있었던 것입니다. 또한 보존과 용수 확보를 두고 문화재청과 울산시가 대립했고, 이와 관련한 보존 방법을 놓고도 갈등을 이어왔습니다.

문화재청과 울산시는 지난 2013년부터 여러 가지 대안을 제시하였습니다.

울산시가 마련한 생태 제방안은 암각화 앞에 기다란 둑을 쌓자는 것인데, 제방을 쌓으려면 바닥을 시멘트 같은 충전재를 강제로 넣어 다지고, 암각화 반대편은 땅을 파 새 물길을 조성해야 합니다. 공사 과정에서 바위의 그림이 떨어져나가는 등 암각화에 영향을 줄 수밖에 없습니다.

키네틱댐은 조립식 철골조 사이에 투명한 합성 플라스틱인 폴리카보네이트판 160개를 붙여 물을 막는 가변형 임시 물막이 댐입니다. 암각화 전면에 설치될 이 구조물은 수위 변화에 따라 높낮이를 조절할 수 있는 벽입니다. 암각화가 침수되기 전에 구조물을 올려 물을 막고, 평소엔 구조물을 내려놓는 것이 가능합니다. 전부 올리더라도 벽이 투명하기에 햇빛이 투과되어 벽화에 이끼가 끼는 것도 막을 수 있습니다. 암각화 앞에 가림막을 두기 때문에 경관이 훼손되고, 댐 공사 과정에서 암각화에 부정적 영향이 미친다는 것입니다.

28억원의 예산과 3년의 시간만 허비한 후 어떠한 방안도 채택되지 않았습니다.

반구대 암각화 보존은 주변에 인공 구조물을 만들기보다는 문제의 근본인 물로 해결하는 방안으로 귀결이 되었습니다. 즉, 사연댐의 수위를 낮추고 청도 운문댐의 물을 울산에 공급하는 것입니다. 대구시장, 경북도지사, 울산시장, 구미시장, 국무조정실장, 환경부 차관, 문화재청장의 합의안은 다음과 같습니다.

구미·대구·울산·부산을 포함한 낙동강 수계 지자체가 물을 통합 관리하는 방안과 구미 산업폐기물에 무방류 시스템을 도입하는 계획 등과 관련해 용역을 맡긴다는 것입니다. 용역 결과 바람직한 방안이 나오면 곧바로 청도 운문댐 물을 대구와 울산이 일정 비율에 따라 나누기 위한 공사를 하겠다고 합니다.

문제는 운문댐을 식수원으로 사용해온 대구시민들의 반응입니다. 대구시는 낙동강 취수원을 상류지역인 구미산업단지 위쪽으로 옮기는 것을 전제로 운문댐의 울산시 분담 사용에 찬성하고 있습니다. 하지만 이 방안은 구미시의 반대에 직면하고 있습니다. 취수원을 구미 쪽으로 옮길 경우 상수원보호구역으로 지정돼 토지 운용에 지장을 초래할 수 있기 때문입니다. 지자체 간의 이해관계가 문제 해결의 발목을 잡고 있습니다.

또한 울산시는 암각화의 유네스코 세계유산 등재를 목표로 잠정 목록의 다음 단계이자 유산 등재의 이전 단계인 '우선 목록' 등재를 추진하고 있지만 2020년 2월 문화재청으로부터 반려됩니다. 보고서 작성에 미비한 점이 확인돼 등재 성공 여부가 더욱 불투명해졌습니다.

암각화의 훼손에는 암각화에 대한 가치 평가가 제대로 이루어지지 못하고, 문화재 보존에 대한 인식이 낮았던 시간이 길었다는 점도 영향을 미쳤습니다. 암각화는 1971년 12월 25일 발견되지만 이후 최소 9년 이상 방치되었습니다. 울산시에 의해 가치가 평가되어 기념물로 지정된 것은 1982년 8월 2일의 일이며, 문화재청에 의해 1995년 6월 23일 국보로 지정되었습니다.

지역의 신문에서도 이 문제를 다루긴 했지만 찬성측도 있고 반대 측도 있습니다. 어떤 지역신문에서는 이러한 중대한 문제의 해결책으로 수세변기를 바꾸면 된다고 하니까 한무영교수가 울산시민을 조롱한다는 식으로 이야기하는 것을 전해 들었습니다. 그 후 2017년 3월에 울산시 의회에 가서 3건의 세미나를 했는데도 아무 변화도 없었습니다.

매년 물에 잠겼다 드러났다 반복을 하는 암구대 반각화의 방지 대책은, 결국 암각화가 물에 닿지 않도록 하는 데 있습니다. 결국 물 사용량을 줄여 부족한 물을 다른 지역에서 비싼 돈 들여 사오지 않도록 한다면, 암각화를 살리고 지속가능한 도시를 만들 수 있는 방안이 될 것입니다.

새로운 물관리 패러다임으로 반구대 암각화를 살린다

결국 반구대 보전을 위한 걸림돌은 물로 인한 것이므로, 그 해결은 물로 풀어야 합니다. 사연댐의 수위를 낮추기 위해서 사연댐의 물을 빼고 싶은데, 그러면 울산시민들의 쓸 물이 부족하니 낮출 수 없다는 것입니다. 낮추기 싫으면 멀리 있는 운문댐의 물을 달라는 것입니다. 울산시의 고민도 이해가 됩니다. 불확실한 것을 담보로 댐의 수위를 낮추었다가 정작 물이 부족해지면 시민들의 불만에 대한 책임을 어느 누구도 감당할 수 없기 때문이지요.

그러면 운문댐 쪽 사람들은 자기들도 물이 모자랄 수도 있는데 무턱대고 다른 지역에 물을 준다고 했다가 정작 물이 모자라면 불

만이 많을 텐데, 선출직 공무원이 그러한 불만을 감수하고 결정하기도 쉽지 않다는 것도 이해가 됩니다.

물 갈등을 중재할 책임이 있는 중앙정부에서는 손해 보는 쪽에 그럴듯한 혜택을 주어야 납득을 하고 승인을 할 텐데 이것도 쉽지 않다는 것이 이해가 됩니다. 모두 다 이해할 만한 이유로 자신의 주장을 내세우니 물 갈등에 대한 답이 나오지 않습니다. 그러한 와중에 반구대 암각화는 계속하여 물고문을 당하고 있습니다.

물 문제를 해결하기 위하여 물 전문가에게 물어보았지만 기존의 방법으로는 대안이 나오지 않는다는 것을 지난 10수년 동안 확인이 되었고 앞으로도 대안이 나올 수가 없습니다. 이때 새로운 물 관리 패러다임이 필요합니다. 물 전문가의 답이 아니라 일반 시민들의 상식에 의한 답을 찾아야 합니다. 그래야만 시민들이 자발적인 협조가 가능합니다. 기존의 방법은 공급자 측 대안이고 새로운 패러다임은 수요자 측 대안입니다.

우선 기존의 물 전문가들이 생각하는 공급자 측 대안을 봅시다. 정부의 보고서에 따르면 울산시에서 하루 사용하는 수돗물 량이 33만톤 입니다. 그중 사연 대곡댐에서 14만톤, 회야댐에서 12만톤, 낙동강에서 6만톤, 대암댐에서 1만 톤입니다. 여기에 공업용수 91만톤은 별도입니다. 여기서 낙동강 물은 수질이 좀 안 좋습니다. 그래서 가능하다면 낙동강 물은 받지 않으려 하겠지요.

이 수치를 보면 너무 단위가 커서 감을 잡기 어렵습니다. 그 대신 간단한 일인일일 물 사용량(LPCD, Liter Per Capita Day)라는 인자를 사용하면 누구나 쉽게 감을 잡을 수 있습니다. 하루 33만톤을 울산시민 인구 120만 명으로 나누면 LPCD는 283리터입니다. 이 수치는 우리나라의 평균수치인 280리터와 비슷하니 울산 시민들이 다른 도시에 비해 물을 더 많이 사용하는 것은 아닙니다. 이 수치를 맞추기 위해 여기저기서 물을 공급받고 싶은데 주는 곳에서 거부하니 다른 방도가 없습니다.

새로운 패러다임의 물 관리는 수요관리입니다. 마치 집에 돈이 부족하면 많이 벌어오는 것도 대안이지만 씀씀이를 줄이는 것이 먼저라는 것과 마찬가지 입니다. 많은 물 전문가들은 아마도 제가 하는 말이 말도 안 된다고 할지도 모릅니다. 지금까지 보던 교과서에 그런 이야기는 안 나와 있으니까요. 제 의견은 다수결로 하거나 목소리가 큰 곳에서는 채택이 안 되지만, 저는 과학적, 공학적 근거와 좋은 사례을 알고 있습니다. 아마도 처음으로 지동설을 주장하다 핍박을 받은 코페르니쿠스도 저와 같은 입장이었을 것입니다.

현재 LPCD 283리터를 200리터로 줄이면 사연댐의 물을 받지 않아도 됩니다. 그런데 이 수치가 호주에서 140리터, 독일에서 120리터인 것을 보면 달성이 불가능한 엉뚱한 수치는 아닙니다. 시민들이 불편을 느끼지 않고 빠른 시일 내에 적은 비용으로 물 사용량을 줄이고 물을 확보하는 방안은 절수(가정, 공장)와 빗물(산지, 도시, 바다)입니다.

먼저 가정에서의 절수목표치는 40 LPCD를 잡습니다(하루 4.8만톤). 가장 쉬운 방법은 기존의 12리터짜리 변기를 4리터짜리 초절수형으로 바꾸거나 대소변 구분하는 장치를 부착하는 것입니다. 하루 10번을 누른다면 80리터가 줄어듭니다. 아파트나 대형 민간건물에서 32리터, 공공건물에서 8리터를 목표로 초절수형 변기를 바꾸기 시작하면 됩니다. 울산시에서 솔선수범을 하고, 울산시에서 캠페인을 하여야 합니다. "수세변기 바꾸어 반구대 암각화를 살리자" 라는 내용의 교육이나 홍보가 필요합니다.

두 번째, 공장에서의 절수목표치를 20 LPCD를 잡습니다(하루 2.4만톤). 기존공장에서 공정을 효율적으로 개선하거나, 발생한 공업용수를 재이용하여 물을 절약한 사례가 많습니다. 일부 물을 많이 사용하는 공장을 대상으로 물사용원단위를 계산하여 외국보다 월등히 많이 사용하는 곳부터 줄여나가도록 하면 됩니다.

세 번째, 도시에서의 빗물집수를 10 LPCD를 잡습니다(하루 1.2만톤). 지붕이 넓은 아파트나, 체육시설, 공장지붕 등에 떨어지는 빗물을 받아서 쓰는 시설을 만들면 됩니다. 공장이 많은 울산시

의 경우 공장 지붕의 10%정도에서만 빗물을 받아도 이 수치는 확보가 됩니다.

네 번째, 산지에서 빗물 모으기로 10 LPCD입니다(하루 1.2만톤). 산지가 넓은 울산에 100톤가량의 저비용 빗물가두기 시설을 군데군데 설치하면 이 수량이 확

보가 됩니다.

　다섯 번째, 조금 더 창의적인 방법으로서 바다에 떨어지는 빗물을 집수하는 방법입니다. 바닷물은 짜지만 빗물이 떨어지기 직전에 받으면 깨끗한 빗물을 받을 수 있습니다. 또한 집수면만 바다 위에 임시로 펼 수 있는 방안을 만들면 됩니다. 우선 이 방법은 아직 검증되지 않았기 때문에 3 LPCD만 합니다. 만약 이 방법이 성공하게 되면 전 세계의 바다로 둘러싸인 섬나라의 물 문제를 해결할 수 있습니다.

　이렇게 해서 목표로 하는 83 LPCD를 줄일 수 있습니다. 다른 지역과의 물 갈등이 없이 스스로 해결할 수 있는 방법입니다. 위의 5가지 방법 중 바다면 집수만 빼고는 다 실제로 만들어 잘 가동되는 곳이 있으니, 누구든지 와서 확인할 수가 있습니다.

　문제는 비용이겠지요? 여러 가지 공급 측 대안과 소비 측 대안에서 1 LPCD를 공급하기 위하여 들어가는 비용을 비교해봅시다. 매일 1 LPCD = 1200 톤/일

　댐에서 공급하는 방안은 120억원, 도시빗물은 90억원, 수면빗물집수는 16억원, 산지 빗물집수는 8억원, 생활용수의 절수는 4억원, 공업용수의 절수는 1억원 정도가 됩니다. 이것은 단지 건설비용이며, 유지관리비용이나 갈등 조절비용까지 고려하면 기존의 댐으로 공급하는 방안보다 10~20%의 비용으로도 쉽고 빠르게 목적을 달성할 수 있습니다.

이렇게 절수와 빗물을 이용하는 새로운 방법은 반구대 암각화를 물고문을 벗어나게 해 주는 장점이외에 또 다른 여러 가지 장점이 있습니다. 우선 다른 지역과의 물로 인한 갈등이 없어집니다. 물을 적게 사용하기 때문에 하수 발생량도 적게 나와서 하수처리 비용을 줄입니다. 기후변화에 따른 이상 폭우시에 대비한 하수관의 안전성도 확보할 수 있습니다.

또한 물 사용량을 줄이면 상수 하수에서 사용하는 에너지 5000만 kWh를 줄일 수 있습니다.

새로 만들어진 물 관리 기본법의 기본원칙에 빗물관리와 수요관리가 들어가 있으니, 그 법의 기본원칙에 따라 물에 대한 갈등을 해결한 사례로서 예산을 한번 만들어 전 국민이 보는 가운데서 시범사업을 해볼 것을 제안합니다. 혹시 제 계산과 이론에 공감하는 분들은 울산에 사는 친구나 친지들에게 연락을 해주시어 이러한 방법으로 울산시의 숙원이던 반구대 암각화를 보전하는 새로운 방법을 제안하는 운동을 만들어 주시기 바랍니다.

위대한 울산시민들께 고함

제가 최근 "기후위기에 대비하는 모모모물관리"라는 책을 썼습니다. 제목이 특이한데, 모모모란 모두를 위한, 모두에 의한, 모든 물을 관리하자는 물 관리기본법에 들어있는 기본원칙에 따른 새로운 패러다임의 물 관리를 제시하고 있습니다. 여기에서 실타래 같이 복잡하게 얽힌 울산시의 물 문제를 풀수 있는 실마리를 찾아볼 수 있습니다.

먼저 모든 물의 관리입니다. 현재 울산에서는 전체 면적에 떨어진 빗물은 다 버리고, 강에 있는 물만 관리하고자 합니다. 그 결과 여름에 비가 많이 오면 홍수로 물을 빨리 바다로 흘려서 내보내

고 나서, 겨울에는 물이 부족하고, 산지에서는 물이 없어 산불도 많이 발생합니다. 따라서 빗물과 지하수 등과 같은 모든 물의 관리에 신경을 써야 합니다. 그러면 물 문제 뿐 아니라 열섬현상, 미세먼지, 산불 등과 같은 불(火)문제도 해결이 됩니다.

모두에 의한 물관리란, 단지 물 전문가나 물 행정을 하는 사람만이 아니라, 모든 사람이 물 관리를 하도록 하는 것입니다. 왜냐하면, 모든 사람이 물의 사용자임과 동시에 물의 오염자이기 때문에 모든 사람이 물 관리에 참여해야 한다는 말입니다. 이것은 2000년 세계 물포럼에서 나온 슬로건 "Water is everybody's business"과 동일합니다.

모두를 위한 물관리란, 지금까지는 사용하는 사람 자신만을 위해서 사용하였습니다. 그러다 보니, 하류의 사람, 후손, 심지어는 반구대 암각화가 손해 보는 것을 생각하지 못했습니다. 나만 잘되는 물관리가 아니라 다른 사람, 자연, 그리고 후손을 포함한 모두

를 위한 물관리가 필요합니다.

반구대 암각화를 살리기 위해서는 현명하신 울산 시민들의 물문화 이니셔티브를 제안합니다. 모든 사람들이 물 문제를 자신의 문제라고 생각하고, 스스로 물을 절약하고 효율적으로 사용하고 그것을 시민운동으로 하고, 행정당국은 그것을 할 수 있도록 행정

과 예산으로 지원하는 것입니다. 댐을 만들거나 멀리서 물을 가져오도록 하는 비용의 1/10만 들이면 물 절약과 빗물이용으로 항구적으로 물 부족 문제를 해결할 수 있습니다. 그 이후의 유지관리 비용절감은 결국 울산시민과 후손들의 이득으로 돌아옵니다.

이와 같은 모모모 물관리 방법은 울산의 물 갈등을 풀 수 있을 뿐만 아니라, 전국에 산재되어 있는 대부분의 물의 갈등을 풀 수 있는 실마리를 제시 할 수 있는 모범사례가 될 것입니다.

그리되면 울산시는 반구대암각화를 세계 문화유산으로 지켜낸 업적만이 아니라 울산시민들이 자발적으로 물 관리의 모범사례를 만들어 스스로 물 문제를 풀어나갔다는 사실로 더욱 존경을 받을 것입니다.

이제는 울산 시민들이 결단을 내릴 때입니다. 자동차와 조선 등 20세기형 먹거리가 수명을 다해가는 시점에, 생태도시야말로 울산시의 미래가 될 수 있을 것입니다. 관민이 한 마음으로 물절약을 하고 빗물을 모아 선사시대 암각화를 살린 도시. 공해도시 오명을 벗고 지속가능한 생태도시로 탈바꿈한 성공 경험은 그 자체가 미래형 수출상품 브랜드가 될 수 있습니다. 태화강이 맑아져 연어와 은어가 돌아왔다지만 그런 얘기는 흔하고, 생태도시를 상품화하기에는 경쟁력이 없습니다. 빗물 집수 방안이 성공하면 세계 최초이며, 향후 15년 동안 산업화 시대의 도시들을 지속가능한 도시로 탈바꿈시키는 성공적 모델이 될 것입니다.

반구대 암각화는 세계적인 문화유산으로서 울산만의 자랑이 아니고, 우리 대한민국의 자랑입니다. 위대하고 현명하신 울산시민들이 새로운 패러다임의 물 문화를 만들어 인류의 문화사적 보물을 지켜냄은 물론, 전 세계적인 물 문제를 해결하는데 기여한 문화도시로서 전세계속에 자리매김하게 되길 바랍니다.

똥이 돈이 되는 사회

사월당을 찾아서 울산으로 고고 씽

제가 전세계적인 물문제인 SDG6(Water and Sanitation: 물과 위생)를 해결하기 위하여 똥타령, 물타령을 외치다가 항상 부딪치는 것은 사회적인 용인도입니다. 젊잖으신 신사 숙녀 여러분들은 모두 공식석상에서 똥 오줌을 입에 올리는 것에 거부감을 가지고 있습니다. 이것을 극복하기 위한 방법을 찾다가 울산을 택하였습니다. 똥과 오줌이 과학이 되고, 예술이 되고, 돈을 벌어주고, 문화재를 살리고 시민들을 프라이드로 뭉치게 할수 있다는 가능성을 찾기 위해서입니다.

울산을 타게트로 한 이유는 반구대암각화를 살리기 위함입니다. 반구대의 문제는 결국은 울산시민의 물문제입니다. 물이 부족하면 물을 공급하는 방안도 있지만, 물을 절약하는 수요관리 방안도 있습니다. 울산시의 모든 화장실의 변기를 초절수형으로 바꾸고, 산지나 공장 지붕, 바다에 떨어지는 빗물을 모아 사용하면 반구대 암각화를 물에서 건져낼 수 있다는 확신을 가지고 있습니다. 그를 위해서는 공학, 과학만이 아니고, 문화와 예술까지도 포함한 사회적 인식의 변화가 필요합니다. 이와 같은 새로운 생각을 하면서 활동을 하는 비교적 젊은 학자들과 함께 뜻을 모으면 쉬울 것이라고 생각을 했습니다.

울산과기대의 조재원교수는 환경공학 분야에서 드물게 저와 비슷한 고민을 하고 계십니다. 개도국의 식수문제를 해결하기 위한 목적으로 지하수를 식수로 만드는 옹달샘 프로젝트도 진행하고, 똥에 관한 연구를 하고 있습니다. 서로 먼발치에서 각자가 하는 일에 관심을 가지고 응원을 하는 처지인데 드디어 처음으로 연락을 하였더니 울산과기대에 와서 사월당과 과일집을 찾으라고 알려줍니다. 그래서 오래된 암자가 있나 찾아 갔더니 최신식 건물입니다. 사월당은 사이언스 월든(Science Walden) 실험을 하는 장소의 앞머리 글자를 따서 만들었습니다. 과일집은 과학이 일상으로 들어오는 집의 준말로 매우 거창하고 과학적이지만 친근감이 있습니다.

울산과기대는 저와는 특이한 인연이 있습니다. 울산과기대 설립추진 당시 황기현 설립추진단장께서 저에게 이 캠퍼스 상류와 모든 지붕에서 떨어지는 빗물을 모아서 친환경적인 캠퍼스를 만들고자 물순환 마스터플랜을 구상해 달라고 한 적이 있습니다. 이분은 2001년경 서울대 시설관리국장 당시 국내 최초로 대학원 기숙사와 39동의 빗물이용시설이 만들어 지도록 지원해주신 분입니다. 덕분에 저는 이 시설을 설계, 운전하면서 박사논문 2개, 석사논문 4개, 그리고 TV, 신문 등 각종 미디어의 홍보 및 인터뷰를 하여 대한민국에 올바른 빗물이용시설을 정착하게 만들 수 있었습니다. 하지만 황국장님 은퇴 후에는 서울대에서 빗물이용시설은 더 이상 만들어지지 않았습니다. 저는 매출을 올리는 것이 목적이 아니므로 제대로 된 빗물이용시설에 대한 연구를 한 것에 대단히 만족합니다.

울산과기대 상류의 계곡에서부터 빗물을 잘 받아서 홍수, 가뭄대책은 물론, 캠퍼스의 물자급과 가막못의 수질관리까지 많은 방법의 물관리방법을 구상을 하였지만 여기서도 채택이 되지 않았습니다. 하지만 이때 했던 고민과 구상은 다른 프로젝트에서도 잘 사용되고 있습니다. 우리나라 빗물발전의 초석이 되어주신 (고) 황기현 님께 다시 한 번 감사드립니다.

아무쪼록, 울산에서 반구대 암각화를 살려내는 물문제 해결을 위한 사회적 운동을 울산의 시민들과 젊은 학자들과 함께 할수 있으면 좋겠다는 생각과, 빗물로 만들어진 오래된 인연을 생각하면서 울산으로 고고 씽~

똥본위화폐를 만드는 과일집

울산과기대에서 과일집을 찾아갔습니다. 원래 이 부지는 총장공관으로 하려고 남겨둔 아주 좋은 위치에 자리를 잡았습니다. 자연적인 언덕을 올라가는 곳에 지형을 훼손시키지 않고 친환경적으로 만든 건물입니다. 첫눈에 빗물박사의 눈에는 이 건물 지붕에 떨어지는 빗물을 모으는 빗물탱크가 가장 먼저 보입니다.

  과일집은 사이언스월든의 생활형 연구소입니다. 똥본위화폐를 세상에 어떻게 뿌리내리게 할 것인가에 대한 고민을 하다가, 직접 생활을 하면서 경험할수 있다면 사이언스 월든이 만들고자 하는 세상을 좀 더 현실감 있게 느낄 것이라는 생각을 바탕으로 시작되었습니다. 과일집은 똥의 흐름, 에너지의 흐름, 물의 흐름, 사람 간 만남의 흐름, 돈의 흐름과 같이 여러가지 흐름이 동시에 일어나는 공간입니다.

  과일집은 랩공간과 엔지니어링공간이라는 두개의 공간으로 이루어졌습니다. 랩공간에는 거실, 침실, 마루, 부엌을 포함한 생활

공간이 있습니다. 같이 밥을 먹기도 하고, 누군가는 머물며 작업을 할수 있는 공간이 됩니다. 엔지니어링 공간은 집에서 나온 똥, 오줌, 샤워용수, 주방용수, 빗물 등을 수집하고, 처리해서, 다시 순환하는 연구를 하는 기계실과 모니터링 실로 구분됩니다. 과일집은 우리가 살아가는 '생활의 공간' 이자 '연구의 공간' 이 되기도 하고 더불어 예술과 철학을 위한 '활동의 공간' 으로 쓰이기도 하며, 함께 '미래를 꿈꾸는 공간' 입니다. 모든 공간들 사이에서 보이지 않는 새로운 공간이 이야기와 함께 탄생합니다.

여기서 만든 똥은 똥본위화폐의 단위인 "꿀"로 환산이 됩니다. 한번 똥을 생산하면 앱으로 10 꿀을 받고, 이 꿀을 포인트처럼 생각하여 가맹점들에서 사용합니다. 예를 들면 커피 한잔 마실 때 적립해둔 꿀 포인트로 지불을 하도록 하는 것입니다.

5월 17일에는 과일집에서 똥본위화폐 체험이벤트가 열렸습니다. 그 내용은 똥과 융합된 예술과 사회적 이야기입니다. Acoustic performance, Rap performance, fSM(똥 본위화폐) 활동, folk rock, 음악가와의 대화, 그 다음날에는 캠퍼스에서 벼룩시장이 열렸습니다. 이때 사용하는 돈은 똥본위화폐 단위인 꿀입니다.

똥을 똥이라고 말할 수 있는 사회

전 세계의 공동목표 SDG의 6번째 항목은 물과 위생 (Water and Sanitation)입니다. 그 문제점을 해결하기 위해서 전세계 사람들이 관심을 가지고 있습니다. 병을 치료하려면 그 원인을 정확히 찾아서 진단하고, 그에 맞는 치료를 해야 합니다. Water and Sanitation의 근본 원인인 화장실 문제, 물문제를 덮어두고 다른 곳에서 해결방법을 찾는다면 그 병을 고칠 수 없습니다. SDG6를 해결하기 위해서는 그 문제의 원인인 똥을 똥이라고 정확히 말하면서, 발생원에서부터 문제를 해결하는 것이 가장 좋은 방법입니다.

대부분의 사람은 똥 오줌을 생산한 다음 수세변기를 누르는 것만으로 자신의 사회적 책임을 다했다고 생각합니다. 하지만 그것이 다른 가정오수와 함께 버려져서 하수처리장까지 끌고 가서 어느 경우에는 하천오염을 일으키게 되어 엄청난 비용과 에너지, 그리고 사회문제를 일으키고 있다는 것을 모릅니다. 하지만 발생원에서 처리하는 방법은 그러한 비용과 에너지를 줄일 수 있으며 똥 오줌 생산자의 사회적 책임을 다하게 되는 것입니다. 그러기 위해서는 똥을 똥이라고 부르고, 누구나 하루도 빠짐없이 생산하는 똥과 오줌을 버리는 대신 순환하여 사용하는 방법을 생각하게 되는 것은 매우 중요한 의미를 가지고 있습니다.

이러한 면에서 울산과기대에서 행해지고 있는 똥 프로젝트인 사월당과 과실집은 매우 커다란 의미가 있습니다. 똥을 단지 오염원으로 생각하고 처리해서 내보내자는 기존의 방법을

넘어서 이 집에서는 똥은 에너지로 돌아오고, 사용된 물은 정수가 되어 돌아오는 순환을 보여주는 공간을 만들었기 때문입니다. 이러한 내용을 확산하기 위해 단지 공학, 과학적인 관점이 아니라 예술가 인문학자들과 함께 사회적인 확산방안을 마련하는 것은 새로운 발상의 전환입니다.

전세계의 물부족, 수질오염을 해결하기 위해서는 그 근본적인 원인인 똥 문제와 똥이 가진 가치를 모든 사람이 정확히 보아서 사회전체적으로 함께 협조해서 풀어나가기 위한 노력이 필요합니다. 이것은 제가 제안하고 있는 모모모 물관리(모두를 위한 모두에 의한 모든 물의 관리) 중 모두에 의한 물관리에 해당됩니다.

그런 의미에서는 울산과기대의 조재원교수가 하고 있는 사이언스 월든 프로젝트가 성공적으로 수행되고 국내와 전세계에 확산되기 바랍니다. 앞으로 울산시의 물문제가 수요관리와 빗물관리라는 해법으로 잘 해결되어 반구대가 물로부터 영구히 노출되기를 바랍니다. 그 앞에 똥본위화폐인 '꿀'을 내고 마실 수 있는 음료가맹점이 생겨서, "똥이랑, 물이랑"책의 표지나 쿠폰을 보여주는 사람에게 1꿀을 할인해주시면서 위대한 울산시민의 위업을 자축하고 자랑하는 것은 어떨까요?

똥이랑 물이랑

김 연 식
사회혁신기업연구원 원장

물"바람 불 때 연 날려라" 고인이 되신 화장실 혁명가 미스터토일렛 심재덕 회장님이 제가 화장실 문화 운동을 하면서 힘들어 할 때 늘 하시던 말씀입니다. 사실 그때는 젊은 나이에 스포츠의학이라는 전공을 버리고 환경이 뭔지도 잘 모를 때 화장실 문화운동을 한다고 전국을 피켓을 들고 '음악이 있는 화장실, 향기가 나는 화장실, 독서를 할 수 있는 화장실'을 만들자고 목이 쉬라 외치고 다녔습니다. 지금은 고속도로화장실을 이용하면서 당연한 것들이 그때는 화장실이 지하에 있고, 냄새가 나는 것은 당연한 것 이라고 생각하던 시절이었습니다.

지금 저는 사회혁신기업연구원의 원장을 하고 있습니다. 그때 외쳤던 화장실 혁신을 이제 노하우 삼아서 기업들에게 그것을 알리고 있습니다. 혁신의 문제는 누구나 이야기하지만 사실 제대로 혁신다운 혁신을 못하는 것은 그것이 모두 위로부터의 혁신이었기 때문입니다.

중국 시진핑 주석이 엄청난 돈을 드려서 '중국 화장실혁명'을 외치지만 거의 변화가 없는게 현실입니다. 그렇다면 한국은 어떻게 화장실문화혁명을 성공했

을까요?그것은 아래로부터의 변화였습니다. 화장실은 용변을 보는 장소로 치부되었던 것을 문화라는 이름을 달아서 작은 정부(수원시, 시민단체 들)가 힘을 모아서 외쳤습니다. 아무도 성공할거라고 생각하지 못했던 화장실 혁명이 해외로부터 거꾸로 알려지면서 중앙정부가 관심을 가지게 되고, 이후에 세계 최초 '공중화장실 등에 관한 법률'을 제정하는 쾌거를 이루었습니다.

저는 그때도 경제적으로 힘들었고, 지금도 그리 여유롭지 못한 삶을 살고 있지만, 가는 곳마다 음악이 흐르고, "한국화장실 정말 대단해!" 라고 이야기하는 분들을 만나면 절로 삶이 부유해집니다. 누군가는 이일을 계속 업그레이드시키고 작은 정부에서 중앙 정부로 이제는 세계로 나아가는 길을 열어야 합니다.

한무영 교수님과는 화장실 연구로 인연이 되어서 오랜 시간 서울대에서 함께 일을 했습니다. 그 열정이 너무 대단하신분이지요. 이번에 '똥이랑, 물이랑' 책의 발간은 '똥+물 혁명'의 시작을 알리고 20년 전 그 열정을 다시 '똥+물 혁명 결사대'를 구성해서 앞으로 20년 후에 역사의 발자취를 남기는 귀한 계기가 되기를 바라며, 다시 한번 출판을 축하드립니다.

"교수님과 함께 일을 해서 좋았고, 앞으로 더 많은 분야에서 협력을 부탁드립니다." ⊞

미스터 토일렛 심재덕 전 수원시장이 화장실 모양으로 만든 자신의 집을 수원시에 기증하여 화장실 박물관으로 만든 해우재 전경

Chapter 6

똥문화 물문화

헬로우, 미스터 토일렛

우리나라의 세계적인 화장실 문화

외국에서 오신 손님들과 국내를 여행하다 보면 그들은 우리의 공중화장실 문화를 보고는 두 번 깜짝 놀랍니다. 첫째는 공중화장실이 너무 편안히 잘 정돈돼서 마치 어느 고급호텔에 온 느낌이라는 것입니다. 은은한 음악이 흐르고, 깨끗하게 청소되어 있고, 노인이나 아이들, 장애인, 임산부 등 사회적 약자를 배려하는 등 한마디로 화장실 문화가 잘 만들어져 있다는 것입니다. 공중화장실의 건설과 유지관리에 세금을 투자하고, 다양한 화장실 관련 제품들이 개발되어 유통되고 있기 때문입니다. 시민들은 깨끗한 화장실을 사용하는 것이 당연한 권리라고 생각하고 정부를 칭찬합니다. 이러한 공중화장실 문화는 외국에서는 감히 생각할 수 없는 일이라는 것입니다. 최소한의 기본적인 관리만 하면 된다는 생각을 넘어, 시민들을 위해 화장실에 더 커다란 가치를 부여하는 자랑스러운 선진적인 문화입니다.

이것은 우리나라의 20년 전의 화장실과는 전혀 다른 반전입니다. 1999년 이전에는 우리나라 공중화장실은 매우 불결하고 불편했습니다. 공중화장실은 말할 것도 없고, 아무리 멋있는 건물이나 좋은 식당이라도 화장실에 가면 더럽고 불편해서 외국 사람을 모시고 가기에는 정말 창피할 정도인 곳이 많았습니다. 그런데 갑자기 이렇게 바뀌게 된 이유는 무엇일까요? 그 배경에는 한 사람의 열정적인 헌신이 있었습니다. 그 사람의 별명은 미스터 토일렛입니다.

2002년 월드컵을 수원시에 유치하면서 당시 심재덕 수원시장이 대한민국의 깨끗하지 못한 화장실에 대한 외국인의 비판을 받고 충격을 받은 후, 월드컵이 개최되기 전에 세계에서 가장 예쁜 화장실 문화를 만들겠다고 결심을 합니다. 그때부터 수원시를 시작으로 아름답고 깨끗한 화장실을 만드는 운동을 벌입니다. 그 이후 국회의원이 되시어 공중화장실에 관한 법을 만들고 많은 노력을 한 끝에 지금의 변화가 생겼습니다.

1999년부터 행정안전부 주관 하에 전국 지자체를 대상으로 아름다운 화장실을 공모하고 상을 주기 시작했습니다. 그 후 매년 각 지역의 특색과 역사와 특산품들을 상징하는 멋있는 화장실 만들기 경쟁을 하고 있습니다. 매년 출품되는 수백 개의 화장실 작품 중에서 대통령상, 국무총리상, 행정안전부장관상, 특별상까지 약 27개의 상을 줍니다. 그 후 20년이 지나니 수천 개의 우수한 화장실이 출품되고, 그중에서 약 500개 정도의 명품화장실이 탄생하게 되었습니다. 요즘의 청소년들은 화장실은 원래 그렇게 깨끗한 것이다 하고 생각하면서 더러운 화장실은 상상도 하지 못할 것입니다. 일단 시민의 눈높이가 높아졌으니, 앞으로도 더욱 발전적으로 좋아질 것입니다. 화장실문화에 관한 한 우리나라가 세계 최고 타이틀을 유지할 수 있는 바탕이 마련된 셈입니다.

둘째는 공중화장실에서 돈을 받지 않는 것에 놀랍니다. 어떤 서비스를 이용할 때, 수익자 부담원칙으로 사용하는 사람이 돈을 내는 것이 당연합니다. 유럽을 여행해보면 유명관광지의 화장실, 공원의 화장실에는 돈을 받습니다. 돈이 없으면 화장실도 가지 못합니다. 그래서 그런지 파리나 런던 등 유럽 도시의 으슥한 지하철역이나 골목의 벽에는 소변이 흘러내린 자국이 보이고, 지린내가 납니다.

[수원 월드컵경기장 '축구공 감동 화장실']

하지만 대한민국의 공중화장실에서는 돈을 받지 않습니다. 편안하게 용변을 보는 것은 기본적인 인권이라는 생각으로 정부가 돈을 내고, 시민이 그에 대한 세금을 냅니다. 빈부귀천이나 국적과 관계없이 모두 다 눈치 안 보고 편히 배설할 권리를 인정해주는 철학이 들어간 대한민국의 화장실 문화가 자랑스럽습니다.

[수원 광교산 반딧불이 화장실 내부]

옛날 깊은 산속에 있는 사찰의 화장실을 해우소(解憂所)라고 불렀습니다. 풀 해(解), 근심 우(憂), 곳 소(所), 즉 근심을 푸는 곳이라는 뜻입니다. 먼저 몸속을 비워 육체적인 근심을 푸는 것만이 아니라, 혼자 조용히 있으면서 정신적인 근심을 푸는 곳입니다. 많은 선비, 학자들이 해우소에서 깨달음을 얻으셨다는 이야기도 있습니다. 그런데 해결해야 할 또 한 가지 근심이 있습니다. 전 세계 70억 인구 중 26억 명이 화장실이 없어서 많은 고통을 받고 있습니다. UN을 비롯한 전 세계 국가 지도자들이 이것을 해결하자는 목표를 세운 바 있습니다. 우리나라의 선진화된 공중화장실 문화와 기술로 전 세계의 근심을 풀어줄 수는 없을까 생각해 봅니다.

이때 생각해야 할 것이 있습니다. 우리나라처럼 예쁜 화장실 건물을 만들고, 그 안에 잘 정돈되고 아름다운 가구로 치장만 한다고 되는 것이 아닙니다. 그와 함께 물 공급과 하수처리의 인프라도 같이 만들어져야 합니다. 그러한 상하수도 시설이 갖추어지지 않은 곳에서는 물 부족과 수질오염의 원인이 됩니다. 잘못하면 혹을 떼어주려다가 오히려 혹을 붙여주는 엉뚱한 결과가 나오는 셈입니다. 이쯤 되면 우리 화장실 문화로 전 세계의 근심을 풀어주려 하다가, 근심을 풀기는커녕 더 큰 근심을 만드니 해우소라는 이름 대신 배우소(倍憂所) 라고 불러야 되겠습니다.

이에 대한 해법도 우리의 전통적인 해우소의 기술에서 찾을 수 있습니다. 여기서는 물을 사용하지 않으니 하수도 발생하지 않습니다. 따라서 물 부족이나 수질오염도 일으키지 않습니다. 오히려 똥과 오줌을 분리 보관하여, 거기서 각각 숙성 후 비료로 농토에 환원하는 자연순환형 입니다. 여기서는 돈을 쓰기 보다는 비료를 생산하여 돈을 벌수 있습니다. 화장실 건물이나 가구는 그 분들의 경제적 수준에 맞는 시설로 만들면 더욱 경제적으로 만들 수 있습니다. 이러한 방법이 비용지불이 가능(affordable)하고 지속가능한(sustainable) 방식입니다.

현재 우리나라에는 인권존중의 철학이 담긴 세계 최고의 화장실 문화가 만들어져 있습니다. 여기에 덧붙여 해우소의 자원순환형 철학을 기본으로 하여, 상하수 인프라에 부담을 주지 않으면서도, 주민들 스스로 화장실의 유지관리 비용을 벌수 있는 화장실을 만들 수 있습니다. 화장실의 혜택을 보지 못하고 있는 개도국의 26억 명에게 그들도 기본적인 인권을 누릴 수 있도록 도와주는 모델을 만들기를 제안합니다. 기존화장실의 냄새와 청결등의 문제를 해결하기 위해서는 약간의 첨단 소재기술과 IT기술을 추가하는 공학적 기술을 이용하면 됩니다.

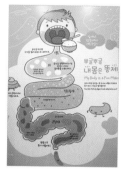

이렇게 하면 우리나라의 화장실 문화와 기술은 세계 최고가 되어, 원래의 해우소의 개념인 몸안의 근심, 머리의 근심을 풀어주는 것을 넘어, 전 세계의 근심도 풀어 주는데 앞장 설수 있다고 생각합니다. 그러한 해우재 버젼2 운동을 제안합니다.

우리나라의 세계적인 화장실 문화를 탄생시키고, 전 세계가 공동으로 풀고자 하는 지속가능개발목표 중 6번째인 물과 화장실 문제(SDG6)의 해결 가능성의 실마리를 제공해주신 미스터 토일렛 심재덕 시장님을 다시한번 존경하게 됩니다.

해우재를 방문하다

개울가에는 이름 모를 풀에서 녹색의 여린 이파리가 나오기 시작하고, 노란 산수유가 꽃망울을 터트리기 시작한 화창한 봄날입니다. 새로 출간할 "똥이랑 물이랑"의 책에 넣을 사진을 찍기 위하여 수원시 이목동에 있는 해우재를 방문하였습니다. 해우재는 우리나라 화장실 역사에 커다란 획을 그은 한 사람의 발자취를 볼 수 있는 곳입니다.

주차를 하고 야외 전시장에 들어가 보니 우리나라 전통적인 화장실과 관련된 소품 등이 전시되어 있습니다. 백제 시대의 왕궁리 유적터의 공중화장실, 남자들의 오줌을 받는 호자, 여성들의 오줌을 받는 요강, 제주지방의 똥돼지간, 똥싸는 아이와 어른의 실물크기 모형, 똥 장군, 오줌장군, 짚으로 만든 화장실과 그 안의 변기 등등 재미있는 소품들이 실물 크기로 재미있게 만들어져 있습니다. 이곳에 행운의 황금 똥이 숨겨져 있어서 그것을 찾는 놀이도 한다는데요. 이 행운의 황금 똥을 찾아서 만진 다음 소원이 성취된 사례가 많이 있었다고 합니다.

그 말에 저도 그 유명한 황금똥을 찾아서 만지면서 소원을 빌었습니다. 우리나라의 전통화장실 토리(土利)가 전세계의 많은 사람들의 화장실 문제를 해결해 달라는 소원이었습니다.

점잖은 어른들끼리 이야기 할 때는 똥, 오줌과 같은 단어를 입밖에 내는 것을 터부시하지만, 어린이들은 아무 거리낌 없이 매우 즐겁게 이야기합니다. 아마 자기 몸에서 나오는 것이기 때문에 친근감이 있고, 엄마, 아빠하고는 똥, 오줌을 아무렇지도 않게 이야기합니다. 어린이들에게는 똥은 똥이고, 오줌은 오줌이니 부끄러울 것이 하나도 없습니다. 그래서 그런지 날이 좋을 때는 유치원 학생들이 하루에 1000명 이상 방문해서 즐기다 가는 명소가 되었습니다. 세 살 버릇 여든까지 간다는 속담이 있듯이, 환경교육은 어렸을 때 하면 좋습니다. 제 경우 유치원 다니는 손녀에게 한번 가르치면, 그 내용이 부모, 친가와 외가의 조부모 6명에게 저절로 전달됩니다. 따라서 유아를 대상으로 교육하는 것이 가성비가 좋고 효과가 매우 큽니다.

해우재는 해우소에서 이름을 따 온 것입니다. 해우소란(풀 해, 근심 우) 우리 전통의 화장실을 말하며, 이곳에서 몸속의 근심을 풀고, 마음의 근심을 푼다는 뜻을 가지고 있습니다. 해우재는 2층으로 되어 있고 건물이 특이하게 생겨서 세계에서 가장 큰 화장실로 기네스북에 등재되었다고 합니다. 정말로 위에서 보면 화장실처럼 생겼고 건물의 가장 가운데에 화장실을 배치하였습니다.

원래는 가정집인 것을 전시관으로 만들었습니다. 일층에는 우리나라 화장실의 역사, 화장실의 기술 등이 전시되어 있습니다. 전 세계 여러 나라의 화장실에 관한 문화, 이야기 등도 보여주고 있습니다. 해우재 이층에는 상설전시관이 있는데 이번 기간에는 "오마이 갓"이 주제랍니다. 우리나라의 설화에 나오는 집에 있는 신들을 재미있게 보여주는 것입니다. 우리나라의 신은 무서운 외국의 신과 달라서 사람들과 친숙하고, 도와주는 역할을 합니다. 집안에 안방, 마루, 대들보, 부엌, 우물가 심지어는 화장실에도 신이 있다는 것을 어린 아이들에게 보여주려고 전시를 한 모양입니다. 전시장소가 해우재이다 보니, 전시장에서 가장 먼저 보여주는 신은 화장실(측간 廁間)을 관장하는 측신(廁神)입니다. 특이하게도 머리를 풀어헤친 여자의 모양을 가지고 있어서 만약 어떤 사람이 나쁜 짓을 하고 화장실에 가면 천정이나 화장실 밑에서 잡아당긴다고 하는 설화를 재현시켜 놓았습니다. 이것을 본 어린이들은 착한 일만 하겠지요?

우리나라 사람들이 마음이 착한 이유는 신들이 항상 가까이서 지켜보면서 착하게 살면 복을 내리고, 나쁘게 살면 벌을 내리는 권선징악을 담당하는 것으로 교육받고 믿어왔기 때문이 아닌가 생각합니다. 저도 신혼 때부터 이사를 여러 번 다녔는데, 새로 이사 갈 때마다 어머니가 오시어, 이삿짐이 들어가기 전에 집안 곳곳에 쌀 한 웅큼씩을 올리고 정성을 들여 주신 기억이 납니다. 아마도 우리 식구가 모두 잘 된 것은 그러한 어머니의 정성이 있기 때문이라고 생각합니다. 집사람도 그것을 따라 아들딸이 새로 이사 갈 때 마음속으로 그러한 정성을 보이곤 합니다.

헬로우, 미스터 토일렛

[미스터 토일렛 심재덕 흉상]

해우재 건물 정면에는 어떤 잘생긴 분의 흉상이 있는데 그 밑에 미스터 토일렛 심재덕이라는 이름이 적혀 있습니다. 우리나라 화장실 발전에 아주 커다란 업적을 세운 사람입니다. 이분은 태어날 때 화장실에서 태어나고, 자랄 때 개똥이라는 이름으로 불리었고, 우리나라의 선진 화장실 문화에 앞장서셨으며, 집도 화장실처럼 만들고, 돌아가신 후에도 미스터 토일렛으로 불리우는 것처럼 화장실에 많은 인연이 있는 분입니다. 특이한 것은 화장실에서 출산하면 아이가 죽지 않는다는 설화를 듣고, 그전에 몇 명의 아이를 잃은 어머니께서 커다란 결심을 하셨답니다.

해우재는 고 심재덕 시장님이 살던 집을 '변기모양의 집'으로 재건축하여 근심을 푸는 집 '해우재'라 명명하였고, 돌아가신 후에는 가족들이 수원시에 기증을 하고, 수원시에서는 이곳에 '수원시 화장실문화전시관'을 만들었습니다. 개천 건너편에는 화장실문화를 교육하고 체험할 수 있는 3층 규모의 '화장실문화센터'를 만들었는데, 앞으로는 이 지역의 땅을 매입하여 향후 화장실문화벨트를 만들고자 하는 계획에 있습니다. 그리고 보면 가족들도, 수원시민들도 모두 화장실에 대한 애정을 유전 받은 셈입니다.

저도 심재덕 시장님과 각별한 인연이 있습니다. 2007년 제가 서울대학교 건설환경공학부 학생들과 함께 인도네시아 반다아체 지역에 여름방학 중 일주일 정도 빗물봉사를 하러 간다고 하였더니, 참 중요한 일을 한다고 칭찬을 여러 번 하십니다.마침 심재덕 의원님도 2007년 말에 개최되는 세계화장실협회(WTA) 창립총회 참가국 해외유치활동차 동남아시아를 방문할 때 한번 현장에 들르시겠다고 합니다. 보통의 정치가들이 하시는 것처럼 지나가는 말로 들었는데 우리가 돌아온 후인데도 불구하고, 직접 시간을 내어 우리가 만든 보건소의 빗물이용시설을 보고 오신 것입니다.

전화를 주시면서, 이곳 저곳이 잘못 설치되어 오래가지 못할 것이니 고쳐야 한다고, 그래야만 현지 사람들이 나쁜 소리를 안한다고 한마디로 '잔소리'를 하시는 것입니다. 사실 평소에 못질도 해보지 못한 대학생들을 데리고 봉사를 하러 갔으니 시설의 성능은 엉망이었지만, 언제 또 다시 그분들을 만나겠느냐 하면서 그냥 사진만 찍고 오려고 했던 제가 부끄러웠습니다.

'네 알았습니다' 하고 그 상황만 모면하고 잊으려 했는데, 대사관 직원을 현지에 다시 보내어 확인하게 한 다음, 그것을 다시 고칠수 있는 방안을 찾아보라고 하십니다. 그러면서 그 시설을 고친 후 사진을 찍어서 보내면 저뿐 아니라 우리 연구실 학생들 모두에게 수원에서 유명한 갈비를 사 주시겠다고 하십니다. 그해 겨울 인도네시아 현지 건설회사에 있는 친구에게 부탁하여 고치도록 한 후 사진을 들고 우리 학생들과 해우재에 찾아가서 갈비보다 더 좋은 점심을 잘 얻어먹은 기억이 두고두고 생각이 납니다. 아주 작고 소소한 것에도 신경을 쓰고, 남에게 무엇을 줄 때는 받는 사람이 좋아하도록 정성스럽게 주어야 한다는 것을 배웠습니다. 이 때 배운 일을 대하는 열정과 정성, 마음가짐이 그 이후 제가 빗물식 수화 시설이라는 단어를 세계최초로 만들고, 빗물박사로 성장할 수 있는 원동력이 된 셈입니다.

미스터 토일렛 심재덕 시장님이 이루어 놓은 업적은 대한민국의 화장실 문화를 만든 것입니다. 후배들이 여기에 만족하고 더 이상 발전이 없다면 좋아하지는 않으실 것입니다. 저도, 제자나 후배가 단지 저를 따르기보다는 저를 뛰어 넘어 새로운 것을 이야기하는 것을 기특하고 대견하게 생각하고, 또 기대하고 있으니까요. 인류 역사를 보면 거기서부터 인류의 발전이 시작되는 것이니까요.

해우재 버전 2는 기존의 문제점을 해부하고 들춰내는 것에서부터 시작합니다. 현재 화장실 문화는 아름다운 건물, 편리한 가구들이 들어와서 참 좋습니다. 하지만 문제는 그것을 유지하기 위한 비용입니다. 그리고 거기에 들어가는 상하수 인프라 비용과, 그로 인해 발생하는 물부족, 수질오염입니다. 개도국은 물론 선진국에서도 이 방법은 지속가능하지 않습니다.

개도국에 몇 개의 예쁜 화장실을 만들어 주는 것은 가능하지만 그러한 화장실이 더 많이 확산되도록 하지 못한다면, 그것은 지속가능하지 않은, 돈만 쓰고 폼만 잡는 자기만족일 뿐입니다.

그에 대한 비밀을 심재덕 시장님은 해우재라는 이름에서 남겨 주신 듯합니다. 해우소에 들어있는 철학과 기술을 배우라고요. 우리 선조들의 해우소는 미래형 화장실의 전형을 보여주고 있습니다. 즉, 물을 사용하지 않고, 똥과 오줌을 비료로 만드는 자연순환형의 화장실로 만들어 그 비용으로 스스로 유지관리 할수 있는 지속가능한 화장실입니다. 사실 미국항공우주국 NASA에서 우주여행을 할 때 어떠한 방식의 화장실을 사용하여야 할지 고민이 될 것입니다. 물을 사용하지 않고 비료를 생산하는 화장실이 바로 그 것인데, 최근의 영화 마션(Martian)에 그러한 화장실을 보여주는 것을 보면 해우소가 우주인들의 근심도 줄여주고 있는 셈입니다.

해우재 버전 2는 이러한 친환경순환형 화장실을 개발하고 보급하여, 개도국 사람들의 실질적인 해결책을 만들라고 주문하시는 것 같습니다. 연구개발비를 투입하고, 젊은 사람들에게 동기부여를 하고 개도국에서 스스로 확산가능한 화장실의 모델을 개발하여 전세계의 모든 사람이 배설을 자유롭게 할수 있는 인권을 누릴 수 있도록 하는 것입니다. 그것이 미스터 토일렛 심재덕이 꿈을 꾸고 실현하려고 노력했던 것이 아닐까요?

기다리세요. 미스터 토일렛.

어렸을 때부터 해우재를 방문했던 대한민국의 젊은이들이 그 꿈을 이루어 낼 것입니다.

남이섬의 똥의 연가

물로 둘러싸인 아름다운 남이섬

　나무마다 예쁜 녹색의 잎이 새롭게 나오는 신록의 계절에 그 유
명한 남이섬을 난생 처음으로 방문하였습니다. 이곳은 겨울연가
의 촬영지의 하나로 알려지면서 중국, 일본을 비롯하여 동남아 사
람들의 필수 방문지로 유명해져 매년 수백만 명이 찾아오는 곳입
니다. 2016년에는 121개국의 130만 명이 방문했다고 하여 한국
기네스북에도 등재되었답니다.

여기저기 메타세콰이어 길, 강변의 벤치 등 필수 포토존이 있습니다. 나무들은 매년 자라나고 있어서 풍광이 달라지므로 매번 올 때 마다 새로운 풍경입니다. 최근 코로나 때문에 외국여행을 가지 못하기 때문에 국내에서 색다른 경치를 즐기면서 재미와 교육을 받을 수 있는 가볼만한 곳입니다.

여기서 강변가요제도 열렸고, 어린이들을 위한 노래, 그림, 이야기 등의 여러 가지 이벤트 등이 벌어지는 곳, 젊었을 때 데이트도 즐기는 등 많은 사람들의 추억으로 자리매김한 곳입니다. 환경을 하는 사람들에게 가장 중요한 의미는 여기서 쓰레기를 재활용하고, 조용한 가운데 엄청난 힘을 발휘하는 예술과, 환경과 문화의 중심지가 된 것입니다.

저도 빗물박사 똥박사의 직업병 때문에 아름다운 남이섬에 가서도 물만 생각합니다. 남이섬은 양 옆으로 강이 흐르고, 땅 밑은 지하수로 가득합니다. 위쪽으로는 빗물(일년에 1300mm)로 둘러싸인 물의 나라입니다. 그러니 남이섬은 상하좌우 온통 물로 둘러싸인 물의 나라이고, 겨울에는 얼음왕국, 눈의 왕국이 되기도 합니다. 아침에는 물안개가 섬 전체를 덮어서 상상과 신비의 나라로 안내 해주기도 합니다.

남이섬에 와서 물문제와 물 문화를 탐구하고자 했습니다. 물이용에 대해서는 별 문제가 없습니다. 전국에 가뭄이 들어도 양옆을 흐르는 하천에는 항상 물이 풍부합니다. 지하는 조금만 파도 물이

나옵니다. 비가 많이 오면 하천수위는 올라가지만 섬전체가 잠길 정도는 아닙니다. 남이섬에서는 빗물을 약간 모은다고 해서, 홍수 가뭄 등의 문제가 해결되는 것이 아니니 빗물박사는 별로 할 일이 없습니다.

하지만 남이섬은 물과 관련된 창의적인 상상력을 동원하여 동남아에서 오는 방문객들을 배려하여 그들이 보지 못했던 겨울의 물의 문화, 즉, 얼음과 눈을 이용한 상상의 볼거리 체험거리를 만들었습니다. 사용하지 않는 고가 물탱크위로부터 물을 뿌려 얼음폭포를 만든 것, 하얀 스티로폴로 눈사람을 만들어 그 위에 각국나라의 전통의상을 만들어 입힌 것, 눈사람 앞에 촛불을 놓아서 눈사람 가로등을 만든 것을 보면 동남아 사람들에게는 엄청난 매력이 될 것입니다. 그 간단한 상상력이 관광을 활성화하고, 경기도 부양하는데 도움을 주었습니다.

이제는 똥박사가 나설 때입니다. 똥을 연구하고 나서부터 항상 드는 생각은 동서와 고금, 남녀와 노소, 빈부와 귀천을 막론하고 모든 사람들이 똥을 눌 텐데, 그들은 어떻게 처리하는지 궁금합니다. 그래서 박물관의 옛날 그림이나 유물전시장에 가면 항상 화장실과 변기를 찾곤 합니다.

동화를 읽을 때도 상상의 나라, 동화속의 요정은 똥을 어떻게 처리할까가 궁금합니다. 그것을 더럽거나 천박하다고 생각할 것이 아니라 그것이 아름다운 동화속의 나라를 오염시키지 않기 위해서 할 수 있는 가장 기본적이고 중요한 일이기 때문입니다.

똥의 연가

사람들이 모이는 어느 곳에서나 화장실은 가야 하니까 항상 하수가 발생합니다. 학교, 사무실, 백화점, 공원 등에서 없으면 절대로 안 되는 것이 화장실이지요. 화장실에서 나오는 똥오줌은 하수관로를 통해서 하수처리장으로 보내어 처리해서 내보내야 합니다.

일 년에 수백만 명의 관광객이 다녀가는 남이섬에서 공중화장실, 식당, 호텔에서 나온 하수는 어떻게 할 것인가가 궁금하였습니다. 하수관을 한강 밑바닥에 설치하여 펌프로 강 건너에 있는 도시의 하수처리장으로 끌고 가는 방법이 있겠지요? 아니면 섬 안에 하수처리장을 만들어서 법적인 수질기준치 이하로 처리해서 하천으로 방류하는 방법도 있겠고요.

하지만 북한강의 물은 팔당으로 흘러가서 수도권 사람들이 마시는 상수의 공급원이 되는데 제아무리 하수를 흘리지 않게 잘 운반해서 깨끗하게 처리하더라도, 만약의 경우 운반이나 처리 중 잘못되면 끔찍한 일이 벌어질 수 있습니다. 이것은 저만의 생각이 아니고 개발주체나 인허가 과정에 있는 모든 분들의 관심사 일 것입니다. 그래서 아주 창의적인 방법이 만들어졌겠지요.

그래서 이곳 남이섬에서는 하수 처리하는데 특별한 방법을 이용하고 있습니다. 그것은 무 방류 자연순환형 시스템입니다. 식당, 화장실, 호텔 등 각 건물에서 나온 하수는 호텔 옆에 있는 하수처리장으로 보내어져 수질기준치 이하로 처리합니다.

여기서 나온 처리수를 한강으로 버리는 것이 아니라 펌프를 이용하여 남이섬의 가장 높은 곳에 있는 연못으로 퍼 올린 다음 거기서부터 아래에 있는 논과, 환경연못 등 여러개의 연못으로 차례로 흘러가도록 만들었습니다. 흘러가면서 오염물질은 식물들의 비

료가 되고, 연못 내 개구리나 물고기의 먹이가 됩니다. 기계나 화학약품을 이용하지 않고, 에너지를 따로 이용하지 않으며, 자연적인 방법을 이용하여 추가처리를 하니 이것은 자연기반해법(NBS, Nature Based Solution)이라는 최신 유행하는 트렌드입니다.

연못에 있는 물은 증발하여 주위를 시원하게 해주고, 다시 하늘로 올라가서 구름을 만들고 다시 근처의 땅으로 떨어지겠지요? 이러한 것을 물의 소순환이라고 합니다.

비용적으로 볼 때 이 방법은 모든 사람들이 행복한 방법입니다. 만약 하천바닥에 관로를 설치한 후 하수를 공공하수처리장에서 처리한다면 그 비용은 어머 어마 합니다. 그 비용은 곧 세금이기 때문에 다른 시민들이 부담을 하여야 합니다. 남이섬에서는 그 돈을 내는 대신 자신들이 하수처리장을 운영하고 있습니다. 연못을 이용한 처리는 주위의 경관을 좋게 하고 시원하게 해주니 관광객들도 좋아 합니다.

돈도 돈이지만 하수관리의 사회적 책임도 중요합니다. 자신이 만든 오물을 남에게 치우도록 하기 보다는 자기 스스로 치우도록 하는 것은 너무나 당연한 것입니다. 남이섬에 와서 아름다운 경치를 보고 여러 가지 문화를 체험하는 것도 중요하지만 물에서 배우는 윤리의식을 자연스럽게 이해하고, 이러한 방법이 불편하거나 돈이 더 많이 드는 것이 아니라는 것을 깨닫고 간다면 매우 좋을 것입니다.

남이섬은 겨울연가로 유명합니다. 그저 유명한 관광지에서 더 나아가 기술자나 행정가들이 관심을 갖고 똥 관리 방법의 미래형 대안을 만들어내는 것도 중요합니다. 모든 시민들이 방문하여 이러한 방법의 중요성을 알고 돌아간다면 행정을 펼치기도 수월할 것입니다.

특히 개도국의 사람들은 자신들의 도시는 급격한 발전하고 있지만 상하수도 인프라가 되어 있지 않아서 항상 마음속에 부끄러움을 가지고 있습니다. 이와 같은 비용이 적게 드는 하수 무 방류 자연 순환형 하수처리 방법을 배워간다면 또 다른 배움의 장이 될 것입니다. 이것을 똥의 연가라고 한다면 좀 어색한가요? 남이섬 상상의 나라 분들에게 새로운 작명과 문화 및 체험 행사를 부탁드립니다.

남이섬에서 배우는 모모모 물관리

남이섬의 똥의 연가는 여러 가지 의미를 가지고 있습니다. 가장 중요한 것은 모두에 의한 물 관리, 즉 하수 관리의 사회적 책임입니다. 자신의 지역에서 만들어진 하수를 자신이 스스로 책임을 지자. 하수가 발생한 곳에서 처리하면 하수를 운반하는데 드는 에너지와 처리에 드는 에너지와 비용을 줄일 수 있습니다.

하수처리장에서 방류되는 영양물질인 질소와 인은 하천의 녹조의 원인이 되지만, 연못에서는 자연적으로 동식물에게 영양분이 됩니다.

　현재 전 세계 적인 하수처리의 추세는 분산화입니다. 발생원에서 작게 처리하고, 거기서 나오는 물과 물질을 잘 이용할 수 있습니다.

　서울시에는 천만 인구에 4개의 하수처리장이 있습니다. 지을 때는 세계 최대, 아시아 최대로 자랑했었는데 과연 자랑거리일까요. 여러 곳에서 발생한 하수를 멀리 운반해서 한꺼번에 처리하는 유역하수도는 에너지 관점, 물 순환 관점, 물질순환 관점, 오염물질 처리의 사회적 책임관점에서 부적당합니다. 또한 만약의 사태가 발생된다면, 엄청난 양의 미처리된 하수가 하천에 흘러들어간다면, 하천수질을 유지하기 위해 투자한 엄청난 노력과 비용이 물거품이 됩니다.

[와플]

　우리의 물 관리에도 장래 분산화가 필요합니다. 남이섬에서 한 것처럼, 건물이나 마을별로 작은 구역에서 스스로 무 방류 및 자연 순환형 시스템을 만드는 것입니다. 외국에서 만든 과자 중에 무수히 많은 작은 셀로 이루어져 있는 와플이라는 과자가 있습니다. 우리 국토 전체를 와플로 생각하고, 남이섬을 그중의 한 개의 셀로 보자고요. 각자의 셀에서 만들어진 하수를 스스로의 책임하에 한 방울도 밖으로 내보내지 않고 처리하는 시스템을 와플 전체의 셀에 전파한다면 우리 국토 전체가 오염을 벗어날 수 있습니다. 그러면 하천의 수질개선도 가능합니다.

저는 모든 사람을 위한, 모든 사람에 의한 모든 물의 관리(모모모 물관리)를 제안하고 있습니다. 남이섬의 경우, 모든 물가운데서 하수를 관리하는 것입니다. 그 사회적 책임은, 발생원에서 책임을 지고 관리를 하는 것이고, 그렇게 되면 하천수질의 개선으로 모든 사람이 행복해질 수 있습니다.

이러한 똥문화, 물문화가 남이섬을 시작으로 우리나라 전역에 널리 퍼졌으면 합니다. 아무쪼록 모모모 물 관리의 개념과 철학이 남이섬을 방문하는 우리나라의 모든 어린이, 어른, 그리고 개도국에서 오시는 많은 분들이 이것을 배워서 자기가 속해있는 사회부터 바꾸어 나가는 똥문화 물문화가 널리 퍼지도록 기원합니다.

제주도 이호테우해변

빗물로 행복을 기르는 곳, 천수텃밭

배꽃의 추억

배꽃이 흐드러지게 핀 4월의 어느 날 노원구 불암산 기슭에 자리하고 있는 도시농업을 하는 천수텃밭을 방문했습니다. 이동네는 저에게는 특별한 곳입니다. 저는 73년부터 79년까지 공릉동에 있던 서울대 공대에서 학사, 석사를 마칠 때까지 6년간 불암산과 배꽃을 보면서 학교에 다녔습니다. 74년에 데모에 멋모르고 끼었다가 경찰에 쫓겨 상계동에 있는 논으로 도망가다가 똥통에 발이 빠진 경험이 있었습니다. 배 밭에서 미팅도 하고, 막걸리도 먹고, 기타치고 노래하고, 데이트도 하던 젊은 날이 생각나는 곳입니다. 또한 신혼때 부천에 살다가 처음 아파트를 분양받은 곳이 노원구 월계동이고, 중동 건설현장에 나가서 돈을 모아서 빚을 갚았습니다. 그 집을 전세주고 미국 유학을 갔다가, 다시 아파트 분양을 받은 곳이 또 이 근처 번동이니 노원구와는 인연이 많이 있습니다.

그러한 추억을 까맣게 잊고 있다가 최근에 빗물을 인연으로 여기를 방문하게 되었습니다. 우선 이곳의 주인이신 마명선 사장님은 처음 만나지만, 젊었을 때 건설회사 다니면서 중동에 근무하였다니, 마침 저도 이라크에 근무한 경험이 있기 때문에 쉽게 대화가 통하면서 친해집니다. 또한 친환경 순환형 화장실 토리1을 연구할 때, 그 시설을 기꺼이 받아서 운전하면서 논문을 쓸 수 있게 해준 곳입니다. 무엇보다 특별한 것은 도시농업을 하는 분들은 빗물, 똥으로 농사를 지으면 식물이 더 잘 자란다는 것을 알고 있습니다. 그래서 빗물박사, 똥 박사인 저를 좋아하고 있는 듯합니다.

빗물로 행복을 기르는 곳

여기서는 이은수 노원도시농업대표가 리드하면서 특별한 도시농업과 문화가 이루어지고 있습니다. 텃밭을 일반인에게 1~2평씩 분양하여 각자가 키우고 싶은 채소나 야채를 키우는 도시텃밭이 있습니다.

[불암산과 먹골과 배밭]

배 밭에 있는 배나무도 분양을 하여, 분양자가 스스로 자신의 배를 수확하도록 하고 있습니다. 모두들 스스로 돈을 내면서 땀을 흘리고 고생을 하지만 모두들 즐겁게 활동하고 있습니다. 아마 돈을 줄 테니 하라고 하면 안할 것입니다. 여기서는 모두가 행복하니 인심도 좋습니다. 아마도 그런 인심과 정은 우리 아파트 문화가 들어오기 전인 옛날에는 그랬을 것 같습니다.

여기는 농사만 짓는 곳이 아닙니다. 여러 가지 친환경적이고, 문화적인 시도를 하고 실천에 옮기고 있습니다. 시농제를 하고, 김장담구기도 하고, 예술제도 하면서 많은 사람들이 함께 참여를 하는 커뮤니티 가든 이라고 할 수 있습니다.

여기서는 여러 재능이 있는 재주꾼들이 많이 있어서 무엇 하나 생각나면 금방 만들어 냅니다. 손재주가 있어서 맥가이버라고 불리는 박기홍 대표는 무엇이든지 잘 만듭니다. 기초실력이 든든하니 여기에 IT나 친환경소재 등을 접목시켜 기발한 작품을 만들어 냅니다. 인디안 텐트 같은 시설을 만들어 그 안에서 놀기도 하고,

그 경사면을 따라 호프도 심어서 빗물을 이용하여 빗물맥주도 만듭니다. 어른들이 어린이들보다 더 잘 놉니다. 싸우지도 않는 듯합니다. 산지 곳곳에 빗물탱크가 있는데 거기에 그림들이 그려져서 더욱 정감이 갑니다.

텃밭에 들어가자마자 보이는 것이 3톤이나 5톤짜리 플라스틱 빗물탱크입니다. 멋없는 파란색 플라스틱 탱크를 캔버스 삼아 그림을 그리고 글씨를 쓰니 수백만원짜리 예술작품도 안 부러운 조형물이 만들어집니다. 그림을 전공하시는 김봉채 선생님이 텃밭의 분위기에 맞추어 "빗물은 작물의 보약", "빗물을 심자"라는 글도 쓰고, 주인이신 마명선 사장님의 가족그림으로 더욱 친밀감을 더합니다.

나이드신 분들이 은퇴 후 소일거리로 자신들의 재능을 활용하고, 놀이터를 만들어 주니 모두들 와서 자신의 재능을 기부도 하고, 소일거리를 하니, 몸도 마음도 건강해지는 그러한 사회가 만들어 졌습니다.

　　여기있는 천막 같은 간이 건물에서 시청이나 구청의 위탁을 받아서 여러 가지 친환경교육을 합니다. 프로그램에는 농업교육, 양봉, 버섯키우기, 곤충키우기 등이 있습니다. 여기서 배운 사람은 또 다시 강사가 되어 다른 사람을 가르치는 역할을 하여 이러한 문화가 잘 퍼져나갑니다. 여러 사람이 모이는 곳에서 꼭 필요하고 가장 중요한 것이 화장실입니다. 친환경화장실인 토리1을 여기에 기증을 하여 잘 사용하면서 저도 연구를 하면서 외국에 논문 몇 편을 발표하였고, 여기서 한 연구로 국제적인 상을 두 개나 받았습니다.

여기에는 외국의 손님도 방문합니다. 환경분야의 노벨상이라고 하는 골드만 환경상을 1999년에 수상한 슬로바키아의 Michal Kravich씨도 더운 여름날 이곳을 방문하여 강연을 하고 시설을 둘러본 후 시원한 계곡물에 발을 담그고 함께 점심식사도 하였습니다. 이곳을 둘러보고 사람들이 물과 함께 참여하는 물 문화에 감명을 서로 주고받고 돌아간 적이 있습니다. 참, 이 골드만 환경상을 우리나라에서도 한분, 환경재단의 최열 이사장님도 1995년에 받은 바 있습니다.

산지에는 어린이 놀이터, 정글짐, 외줄타기, 그러한 놀이 시설이 있습니다. 농사를 짓는 사람들은 우리나라 토종의 작물을 기르고, 물고기를 기르는 사람은 연못을 만들고, 곤충을 기르기도 합니다. 저도 2019년 강원도 고성에 산불이 난 것을 예방하기 위한 방법을 수업중에 가르치다가 이곳에 계곡의 빗물모으기 시설을 실제로 설치하였습니다. 우리 학생들이 설계하고 제가 자재를 구입하여, 마명선 사장님이 직접 나서서 만들어 졌습니다. 우리 학생들은 몸보다 머리를 이용하여 일의 시작부터 끝까지 동영상으로 만들어 유튜브에 올려서 다른 사람에게 보게 하니, 제가 30년 교수 생활하면서 가장 보람 있는 수업을 했다고 생각합니다. 여기에 산지 물모이를 만들었더니, 산의 이쪽 부분을 "한무영 숲"이라고 이름을 붙여주셨습니다. 이곳은 빗물로 인하여 모든 사람을 행복하게 만들어 주는 곳입니다. 그러니 사람들이 일치단결해서 재미있게 놀면서 자신들만의 새로운 물 문화를 만들어 냅니다. 모두가 모여 행복한 사회를 위한 목소리를 내니까 구청장이나 국회의원도 좋아합니다. 앞으로 잘 협조하시면서 빗물로 행복을 기르는 텃밭이 사회에 널리 퍼져갈수록 행정적 지원을 아끼지 않겠지요?

도시농부는 천하지대본(天下之大本)

천수텃밭에서는 모두가 행복합니다. 여기서는 모두를 위한 모두에 의한 모든 물의 관리(모모모 물관리)가 실현되었습니다. 우선 여기에 오시는 분은 모두가 행복합니다. 여기 오시는 모든 분들이 스스로 활동을 하고 책임을 다하면서 여러 사람을 행복하게 해줍니다. 산지에는 수돗물이 들어오지 않기 때문에 모든 물은 계곡에 흐르는 빗물울 이용하고, 남은 물은 연못을 채웁니다. 소변은 모아서 비료로 사용합니다.

가만 보니 이곳은 그리 큰 돈 들이지 않고 물 문제를 해결하고, 식량문제를 해결하고 있습니다. 그리고 바람직한 사회운동이 이루어지면서 인심이 좋아지고, 옛날 우리나라의 아름다운 정이 되살아나고 있습니다. 그리고 적당한 운동도 하면서 사회를 건강하게 만드는 활동을 하는 바람직한 공동체가 형성되었습니다. 그렇다면 전국에서 이 천수텃밭을 모델로 삼아서 지역의 특성을 반영하여 더욱 좋은 커뮤니티를 만들 수 있습니다. 뜻이 있는 분들은 삼삼오오 오셔서 보고, 교육을 받은후 그것을 토대로 강사가 될 수 있습니다.

　우리 선조들은 논농사를 짓는 것을 장려하느라 농자 천하지대본이라고 하였습니다. 우리나라의 홍수와 가뭄이 반복되는 기후 특성상, 논농사는 물 관리에 아주 중요한 역할을 하였기 때문이라고 봅니다. 따라서 농부들은 식량생산을 하는 역할만이 아니라 물 관리를 하였기 때문에 천하지대본이라는 칭송을 들었습니다.

　최근 들어 홍수, 가뭄, 열섬현상, 산불과 같은 기후위기를 극복하고, 잃어버린 공동체 의식과 점점 사라져 가는 우리의 정과 문화, 이런 것을 되돌릴 수 있는 당신들의 이름은 도시농부, 당신들을 천하지대본(天下之大本)이라고 응원합니다.

하늘물의 발상지 제주 탐나라공화국

제주의 빗물 모으기 전통

제주도는 비는 많이 오는데, 지반이 구멍이 숭숭 뚫린 화산암으로 되어 있어서 내린 빗물이 모두 땅속으로 스며들어 없어져 항상 물이 부족합니다. 때문에 물이 귀한 제주의 아낙네들은 물 허벅이라고 불리우는 항아리를 등에 지고 멀리서 물을 길어와야만 했습니다. 그래서 그런지 제주에서는 옛날부터 나무줄기에 꼰 새끼줄을 연결하여 나뭇잎에 떨어지는 빗물을 촘항이라는 항아리

[촘항]

에 물을 받아서 쓰는, 즉 빗물 모으기를 실천하는 전통과 문화를 가지고 있습니다. 빗물을 받아서 사용하면 물을 운반하는 수고를 줄여주고, 물 자립도를 높일 수 있다는 사실을 이미 다 알고 있었기 때문이지요.

과거의 제주도 빗물 모으기 전통

을 본받아서, 제주 한림읍에 하늘물에 대한 새로운 역사가 만들어지고 있습니다. 그 주인공은 강원도 남이섬을 일 년에 300만명 이상의 사람들이 찾아오는 세계적으로 유명한 관광지로 바꾼 강우현 대표입니다. 많은 사람들이 오는 관광지를 만들려면 조경이 필요하고, 조경에 필요한 나무를 심으려면 물이 필요합니다. 하지만 제주도에서는 지하수로 만든 수돗물을 끌어오려면 허가를 받아야 하고, 엄청난 비용과 시간이 듭니다.

구름에 빨대를 꽂다

여기서 상상디자이너의 진면목이 발휘됩니다. 제주에는 비가 일 년에 2000밀리미터 정도 오니, 일 년에 이 부지에 떨어지는 빗물을 모두 모으면 이 부지전체를 높이 2미터의 물로 가득 찬 수영장으로 만들 수 있는 많은 양이라는 것에 착안을 했습니다. 방대한 양의 빗물을 하늘과 직거래해서 공짜로 조달하겠다는 상상을 합니다. "구름에 빨대를 꽂자" 라는 기발한 생각으로 빗물을 마시기도 하고 샤워도 하는 그림을 만들면서 그 상상을 실천에 옮깁니다.

부지내 곳곳에 땅을 파서 오목하게 만든 다음, 그 밑에 비닐을 깔고 그 위에 흙을 약간 올려 놓으면 저절로 빗물이 모이

[구름에 빨대를 꽂는 상상도]

는 연못이 만들어 집니다. 80개의 크고 작은 연못을 만들어서 각각의 연못에 의미와 스토리를 만드니 또 다른 상상의 세계가 펼쳐집니다. 연못 가장자리에 수생식물도 심고, 금붕어도 자라고, 어디선가 개구리가 와서 낳은 알에서 올챙이가 자라서 놀고 있습니다. 물이 있으니 목마른 고니와 꿩도 단골손님이 됩니다. 사막 같던 마른 땅에 빗물로 인해 아름다운 옥토와 생태계가 되살아나는 기적이 만들어졌습니다.

중앙건물 앞에 4칸으로 만들어진 1000톤짜리 콘크리트 빗물저장조를 만들고 바닥에는 화산송이를 깔아 두니, 중력과 흡착과 같은 자연적인 방법으로 가장 깨끗한 물이 모아집니다. 앞으로 이 물을 음료수를 만들거나 또 다른 용도로 만들 계획이랍니다. 보통의 빗물이지만, 그 속에 상상디자이너의 아이디어나 스토리를 집어넣으면 그 가치는 천배 만 배 뛸 수도 있습니다. 그 한 예는 태풍이 올 때 빗물을 받아서 생수로 만들고 태풍수라고 이름을 붙이는 것이랍니다.

이곳은 많은 연못에 물이 있으니 나무가 자라고, 그 나무는 그늘을 만드니 이 지역은 시원합니다. 불이 나도 근처에 물이 있고 촉촉하니 번지지 않습니다. 폭염과 산불의 피해는 여기서는 남의 나라 이야기일 뿐 입니다.

2019년 10월 이곳 탐나라 공화국에서 특이한 행사가 있었습니다. 학계, 예술계, 시민계를 대표하는 세명이 모여 하늘물의 문화를 선포하니 이곳이 하늘물 발상지가 된 셈입니다. 학계에서 빗물의 학문적인 이론을 연구, 교육하는 빗물박사 한무영교수, 예술계에서 상상디자이너 강우현 대표, 시민계에서 빗물의 중요성을 몸소 실천하면서 많은 좋은 사례를 전파하는 도시농업네트워크의 활동가인 이은수 대표가 뜻을 같이 하였습니다.

벌써 하늘물을 상징하는 간판과 조형물을 만들고, 정자도 만들고, 하늘물로 논도 만드는 등 하늘물의 문화가 시작되고 있습니다. 국제 하늘물 학술회의도 하고, 여러 가지 하늘물 축제나 이벤트가 이루어 질 것입니다. 앞으로 전국에서 학생, 시민단체, 정부기관의 공무원들이 이곳을 방문하여 하늘물의 상상과 실천 사례와 이론과 철학을 배우고 가길 바랍니다.

하늘물 문화운동

이곳에 초청하고 싶은 사람들이 있습니다. 지구 전체를 생각하고, 미래의 주인공인 후손들을 위한 활동을 하는 사람들입니다.

우리나라에도 이러한 전 지구적인 생각(Think Global)을 가지고 기후변화에 대응하자는 활동을 하시는 분들이 있으며, 그들을 존경합니다.

그 분들의 논리는 전 세계적으로 발생하고 있는 기후위기의 원인은 탄소의 과다 배출로 이루어진 지구온난화이니, 전 세계적인 목표를 정하여 모든 나라가 탄소를 감축해야 한다는 것입니다. 전 세계의 정치가나 기업가들을 설득시켜 시나리오대로 탄소를 줄이자고 하였지만 협조가 쉽지 않습니다. 특히 스웨덴의 그레타 툰베리라는 여학생을 초청하고 싶은데 지난 해 UN에서 연설을 하고나서 미국의 트럼프 대통령을 쏘아보는 사진이 재미있게 나온 적이 있습니다. 그레타가 매주 금요일 학교를 가지 않고 주동하는 기후위기 시위에 전 세계의 학생들이 동참하고 있습니다. 어른들에게 앞으로 자신들이 살 지구를 망치지 말고, 기후위기에 잘 대처해 달라는 뜻이겠지요.

하지만 전 지구적인 탄소감축은 시간과 노력이 많이 들고 실현 가능성에 대한 의문이 있습니다. 그보다 더욱 필요한 것은 지역적으로 활동하는 것입니다(Act Local). 기후위기는 홍수, 가뭄과 같은 물문제와 산불, 폭염 등의 불문제로 나타나는데, 이것들은 모두 빗물과 관련이 있어서, 빗물을 잘 관리하면 대부분 빠른 시간 안에 해결이 됩니다. 사람들이 빗물의 중요성을 모르고 있기 때문이니, 그 인식을 바꾸기 위하여 하늘물 문화를 만들어 보급하면 지역의 문제를 당장 해결할 수 있다는 것을 보여주는 좋은 사례가 여기 탐나라 공화국에 만들어져 있습니다.

'이루어 질수 없는 사랑' 같은 소리만 외치면서 아무 지역적인 행동도 취하지 않는 그레타 툰베리 같은 사람들도 중요하지만 하늘물의 중요성을 알고 자기가 사는 지역에서 빗물관리의 사례를 만들어가는 것이 더욱더 지구와 후손을 위하는 것이라는 것을 알 수 있습니다.

저는 우리나라 모든 젊은이와 공무원들이 탐나라공화국에 와서 빗물을 모으는 것을 직접 보고, 만지고, 느끼면서 하늘물에 대한 올바른 생각을 가지도록 하는 하늘물 문화를 일으키는 대한민국 지성인들의 필수 견학 및 교육 코스가 되어야 할 것을 제안합니다. 기후위기의 시대에 공짜로 떨어지는 하늘물을 잘 이용하고 하늘에 되돌려주는 방법을 안다면, 스스로 자기 지역의 물 문제를 줄일 수 있고, 폭염을 방지할 수 있습니다. 해답이 멀리 있고 실현성이 불투명한 탄소감축 이야기보다는 더 빨리 기후위기에 대처할 수 있습니다.

하늘물에 대한 올바른 생각을 제주도의 촘항의 전통이나 세종대왕의 세계최초의 측우기 발명 역사까지 추가하면 우리나라가 세계 최고의 하늘물의 문화를 리드할 수 있습니다. 전 세계 인류의 생명과 재산을 보호해주는 제 2의 한류, 이름하여 K-CCA (Climate Crisis Actors)를 유행시켜 보면 어떨까요?

충남 홍성군의 "하늘물 스스로 해결단"

하늘은 스스로 돕는 자를 돕는다

최근 들어 충남도는 매년 봄에 가뭄이 상습적 발생해서, 제한 급수가 실시되기도 하고 지하수위가 떨어져서 생활용수, 농업용수가 부족하여 물로 인한 어려움을 겪고 있는 실정입니다.

충청남도 도청에서 2016년 3월 빗물박사를 초청하여 해결책을 물었습니다. 여기서 "충남 물맹 탈출 작전"이라는 제목으로 강연을 하고, 서울대학교 빗물연구센터와 MOU를 맺었습니다. 그 이후 충남공무원 교육원에서 3회에 걸쳐서 빗물과 물 절약에 대한 강의로 많은 충남도 공무원들의 물맹을 탈출하는 것을 도왔습니다. 특이한 점은 수강생들의 태도였습니다. 열심히 듣고 강의 시작과 끝은 물론 중간에도 박수갈채로 강사님에게 존경을 표하는 것이 다른 교육원과는 다른 것을 느꼈습니다. 지역 신문인 홍성신문에서는 빗물에 관한 특집기사를 연재하면서 저를 찾아와서 인터뷰 기사를 낸 적도 있습니다.

그 이후 충남도에서는 물관리 비젼으로서 빗물활용과 수요관리, 그리고 관과 민이 함께 하는 물관리, 충남도 통합 물관리를 하겠다는 계획을 세웠습니다. 그 중에 도민과 함께하는 우리 동네 물관리가 있었습니다.

2018년 2월 예산 홍성군 환경운동연합에서 제게 강의를 요청하는 메일이 왔습니다. 이때는 이상하게도 초청자가 누군지도 모르고, 누가 듣는지도 모르지만, 그냥 간다고 약속을 잡았습니다. 몇 일 후 저녁때 강의를 하고, 다음 날 아침, 동네의 시설을 만들 곳을 살펴보고 돌아온 적이 있습니다. 제 책을 읽고 저에 대한 기사를 읽은 지역의 분들이 찾아와서 빗물의 중요성을 알고, 빗물에 대한 비즈니스를 하고자 하는 의향을 가진 사람도 만났습니다.

최근에 그 열매가 맺어졌습니다. 과기부와 행안부가 지원하는 리빙랩(Living Lab)이라는 프로젝트에 지원하여 선정이 되었습니다. 아마도 그때 뿌린 씨앗이 있어서 다른 사업보다 더 경쟁력이 생긴 것이라고 생각합니다. 과업을 착수한 후 충남도청과 홍성군의 담담자, 시민단체분들이 서울대를 방문하시어 제 강의를 들은 후 옥상텃밭과 빗물이용시설을 보고 돌아갔습니다.

이 사업으로 서울대학교와 홍성군민들이 함께 머리를 맞대고 홍성군을 빗물이용의 최고 마을로 만드는 것이 목표입니다.

하늘은 스스로를 돕는 자를 돕는다는 말이 있습니다. 아마도 충남도청과 도민들이 물 문제를 해결하기 위하여 지난 몇 년 동안 빗물박사를 초청한 강연이라는 씨앗이 뿌려져서 작은 열매가 맺은 것 같습니다.

그래서 충남 홍성군에 "하늘물 스스로 해결단"을 만들었습니다. 앞으로 충남의 물 문제 뿐 아니라 대한민국이 물문제를 마을 주민들이 빗물을 가지고 스스로 해결할 수 있는 방법을 만들 수 있을 것입니다.

지금까지의 빗물이용시설은 말썽 많은 문제아

지금까지 서울시를 비롯한 많은 시군에서 빗물이용시설을 지원해서 설치하고, 지역주민들이 사용도 해보고 했지만 그리 널리 확산되지는 않았습니다. 그 이유는 수돗물이 잘 보급되어서 빗물이용시설이 수돗물보다 비싸기 때문이라는 것, 제품의 가격이 비싸고, 체계적인 유지관리도 되지 않은 점, 보기 싫은 디자인의 시설이 공간을 많이 차지 한다는 점, 겨울에 동파가 되는 점 등 안 되는 이유가 백가지도 넘게 나올 수 있습니다. 아마도 환경부의 설치기준이나 유지관리 기준이 없거나, 있더라도 현실적이지 않기 때문에 그런 것이 아닌가 생각합니다. 환경부에서는 빗물이용시설을 보급하기 싫어한다는 것은 그동안의 실적치를 보면 알 수 있습니다.

하늘물 스스로 해결단은 빗물이용시설을 스스로 설치하고, 스스로 운전해 가면서, 문제점을 파악하고, 그 해결책을 모색하여 그것을 제품에 반영하여 다시 설치하면서 기술적인 개선, 어떻게 하면 더 예쁘게 꾸밀 수 있을까 하는 생각과 사회적인 문제점까지, 또 어떻게 하면 싸게 제품을 만들고 설치하고, 유지관리 할 수 있을까 하는 경제적인 문제까지 고민하고자 합니다.

빗물이용시설을 설치한 후에 그 성능을 평가 할 수 있는 지표도 개발하고, 쉽게 설계 할 수 있는 소프트웨어도 만들어, 사용하는 사람이 편리하고 저렴한 가격으로 보기 좋게 만드는 것이 목표입니다.

이것의 성공을 확인하는 방법은 한번 만들어 놓고, 입소문이 나서 다른 사람도 설치하고 싶다라는 생각을 가지도록하면 성공한 것입니다.

    요즘 코로나19 때문에 미국에서 마스크를 구하지 못해서 고통을 받는 뉴스를 들은 적이 있습니다. 대부분 외국에서 수입을 하느라고, 자급율이 0에 가깝다 보니, 비상시에는 그러한 고통을 겪는 것입니다. 이것을 볼 때 물에 대한 자급율을 어느 정도는 확보하여야 한다는 사실을 알 수 있습니다. 수돗물이 갑자기 끊길 것에 대비하여 스스로 어느 정도 물을 확보하고 있으면 안심이 됩니다. 도시에서 빗물을 모아서 쓰는 만큼 하천의 물을 덜 가져와도 됩니다. 운반해야 하는 에너지를 줄여 탈 탄소에도 도움을 줍니다.

    이와 같이 비상시를 대비하고 탄소를 줄이는 역활을 올바르게 평가한다면 빗물이용시설의 경제적가치를 더욱 높일 수 있습니다.

스스로 하늘물 프로젝트의 특징

이 프로젝트는 여러 가지 특징이 있습니다. 가정집, 비닐하우스, 농가, 축사, 아파트, 관공서, 학교 등 다양한 종류의 시설에 빗물이용시설 구축을 하면서 주민들이 각각의 시설의 운전상의 특색을 살피고, 문제점을 파악하고, 해결해 나가는 것입니다.

빗물이용시설과 태양광을 하이브리드로 만들어 비가 올 때는 빗물을, 해가 뜰 때는 태양광을 사용하도록 하여 하늘의 선물을 충분히 받아 쓸 수 있도록 하는 것입니다. 또한 동파를 방지하기 위하여 특수한 설비를 보안설치 하여 제품을 만드는 것입니다.

여러 가지 관련제품에 국산의 제품을 만들어 규격화하고, 값을 저렴하게 만들고, 이것을 일반인들이 직접 만들 수 있는 DIY 제품으로 판매 시스템을 구축하는 것입니다.

가장 중요한 것은 유지관리입니다. 각 집마다 설치된 빗물이용시설내의 수질과 수량을 측정할 수 있도록 여러 군데에 센서를 설치하여 IT를 이용하여 종합적인 관리를 하는 것입니다. 부처님 손바닥에서 손오공이 노는 것을 다 볼 수 있는 것처럼, 마을에 있는 모든 빗물저장시설의 현황을 실시간으로 핸드폰에서 볼 수 있게 한다면 누구든지 안심하고 믿을 수 있게 됩니다.

더욱 중요한 것은 이러한 모든 문제를 스스로 파악하고 해결하도록 만드는 것입니다. 약간의 기술적인 애로사항이나 이론은 서울대가 만들고요, 제품은 지역의 사업체에 만들고, 유지관리나 설치는 이 지역의 사람들이 하면서 빗물하면 홍성마을이 생각나게 한다면, 이 마을에 빗물관련 시설의 제조업체나 도매상이 들어오도록 도와주고, 또는 학교에서 초중등학생에게 빗물교육을 할 때 홍성으로 수학여행을 가서 체험하도록 하면 좋겠지요. 그리고 각 지역의 빗물교육이나 비지니스를 하고자 하는 사람들이 여기에 와서 강의를 듣고 기술교육 훈련이수증을 받아가서 선생님이 되어 자기 지역에서 교육을 하거나 설치기술자가 되면 홍성은 하늘 물 스스로 해결사를 넘어 우리나라 전체의 하늘 물 해결사를 양성하는 이름난 곳이 될 것입니다.

앞으로 빗물제품, 빗물기술자, 빗물모범사례 견학 하면 홍성이 떠오르도록 하면서 그린 뉴딜을 빗물로 시범하면 어떨까요?

제가 주장하는 물관리는 '모든 물을 모든 사람이 모두를 위하여' 하자는 모모모 물관리입니다. 홍성군에 있는 모든 사람들이 빗물을 포함한 모든 물을 스스로 관리하여 모두를 위하는 마음을 가지자는 것을 실현 할 수 있습니다.

충남에서 전국으로, 세계로

최악의 가뭄을 겪은 충남도가 그것을 극복하여 최고의 기술을 만들 수 있는 충분한 여건이 되었습니다. "하늘물 스스로 해결단"을 만들어 빗물을 스스로 관리할 수 있는 제품을 만들고, 기술자를 교육시키고, 그러한 고부가 가치의 직업을 창출하면서 전국의 빗물기술을 높이자. 다른 도시에서 홍성군의 빗물마을의 사례를 보고 따라서 할 수 있도록 하는 다목적의 그린 뉴딜의 사례로 충남도가 또 다른 제안을 해서 그 지원금을 받을 수 있기를 바랍니다.

그 여파를 몰아서 충남도가 전 세계의 빗물관련 제품과 기술을 전파하는 시작점이 되었으면 좋겠습니다.

UN의 목표중의 하나는(SDG6) 물 문제를 해결하는 것인데, 식수문제는 빗물로 쉽게 해결할 수 있습니다. 그러면 우리 홍성군의 빗물제품은 전 세계로 나갈 수 있고, 홍성군에서 기술교육을 받은 기술자들은 전 세계 사람들의 생명을 지켜주기 위하여 전 세계로 나갈 수 있는 기회를 가지게 되겠지요. 충남이 세계의 물문제를 해결해주는 곳이 되었으면 좋겠습니다.

모두가 행복한 옥상의 하루

서울대 35동 옥상의 감자 파티

6월 20일 토요일 아침, 서울대 35동 옥상이 분주하게 돌아갑니다. 옥상에 천막이 쳐지고, 테이블이 펼쳐졌습니다. 테이블에는 비빔밥 재료들이 듬뿍 쌓여 있습니다. 금방 옥상의 밭에서 따온 상추와 깻잎, 색색의 꽃이 접시에 담겨져 있고, 파전을 만들기 위한 재료가 있습니다. 옆에는 후식으로 먹을 수박과 떡이 있습니다.

무슨 일이 벌어지고 있느냐고요. 오늘은 3월에 심었던 감자를 수확해서 쪄먹고, 나머지는 관악구의 독거노인들에게 전달하는

[감자행사 시작 전 단체사진]

감자 파티 날입니다.

우리 연구실 학생들은 미리 와서 준비하고 있고, 꽃 비빔밥과 반찬으로 식사를 책임지실 다경 차문화 센터의 하정이 선생님이 다른 두 분을 모시고 왔습니다. 관악자활팀에서도 오셨는데, 이 분들은 지난 3월에 감자를 함께 심은 후 정성스레 물주기, 풀 뽑기 등을 해주신 중요한 분들입니다. 8년째 옥상텃밭의 지도를 하고 있는 관악도시 네트워크의 여영옥 선생님 팀도 오시어 감자를 캐는 방법을 알려주십니다. 감자심기에 비해 감자 캐기 교육은 매우 쉽습니다. 그냥 밭에서 흙을 조금 파고 건져내면 되는 것이니까요.

11시 쯤 되니 슬슬 사람들이 오기 시작합니다. 서울대 스누맘은 학생이나 직원이면서 애기를 키우는 엄마들의 모임인데, 오늘은 아이와 남편을 데리고 전 가족이 나들이를 왔습니다. 우리 연구실의 박교수도 민규를 데리고 왔습니다. 저도 우리 손녀딸 아윤이를 데리고 왔습니다. 아이들에게 체험을 시켜주기에는 여기처럼 안전하고 좋은 곳이 없습니다. 흙을 맨손으로 만지고 맨발로 밟아도 다치지 않습니다. 제가 흙을 선별해서 들어오고, 사용하는 사람들이 관리를 잘해서 위험한 물질이 없어서 안전하다는 것을 알기 때문이지요.

관악구 주민이신 임홍재 대사님 부부는 단골손님입니다. 사모님이 미술가여서 그런지 실력이 남다릅니다, 분양받으신 3㎡ 땅의 한 편에는 꽃도 심고, 채소들의 키와 색깔도 고려해서 심는 등

미적 감각을 발휘하시니 가장 예쁜 텃밭으로 소문이 났습니다. 또 옥상행사 때마다 항상 떡을 후원해주셔서 후식으로 감사히 먹고 있습니다.

우리 연구실에 외국인 학생이 몇 명 있는데, 한국어를 배울 때 같이 배운 친구들을 데리고 왔어요. 러시아, 태국, 페루, 스리랑카, 마다가스카르, 적도콩고, 폴란드, 베트남, 미얀마, 기르기스탄 등 여러 나라의 학생들이 와서 옥상이 이렇게 변신할 수 있다는 것을 확인하고 깜짝 놀랍니다. 공부 끝난 후 자기네 나라로 돌아가서 이런 문화를 전파하면 좋겠다고 합니다.

[외국인 학생들과 함께]

공대의 기계과 학생이 친구들을 데리고 와서 같이 감자를 캐고 놉니다. 이 친구는 할머니가 주신 몸빼바지를 입고 온 것을 보니 제대로 농사를 짓는 선수의 모양을 갖추었습니다. 우연히 임홍재 대사님과 바로 옆자리에 앉아서 밥을 먹으면서 진로에 대해 여러 가지 조언을 듣는 모양이 자연스럽습니다.

경남 남해시 지역 언론 기자님이 오셔서 취재도 하고요. 저도 제가 만들 책자에 들어갈 사진을 찍었어요. 사진만 보아도 모두가 행복합니다.

옥상에 있는 다른 동물들도 즐겁습니다. 옥상 한 귀퉁이에 놓인 벌통에서는 꿀벌들이 분주하게 꿀을 나릅니다. 이전에는 꿀을 따는 채밀행사도 함께 해서 꿀도 수확했는데 올해는 날자를 못맞추었습니다. 연못에 사는 2대에 걸친 금붕어들도 많이 오는 사람들이 반가운지 수초와 버드나무 뿌리 사이로 빠르게 숨바꼭질을 하면서 돌아다닙니다.

제가 개회사를 하고, 단체 사진을 찍은 후, 어른 아이 할 것 없이 모두 각자 호미를 들고 감자 캐기를 시작합니다. 여기저기서 함성과 웃음이 튀어나옵니다. 감자 줄기를 들어 올리니 주먹만한 감자 여러 개가 달려 나오니 신기하겠지요. 금방 박스 여러 개가 감자로 가득 찹니다. 아이들에게 이와 같이 좋은 체험이 없습니다. 우리 손녀딸 아윤이는 감자 몇 개 캐 놓고, 모든 감자를 자기가 캔 것인 양 두고두고 자랑합니다.

[아이들과 감자 캐는 모습]

그 다음은 식사시간. 메뉴는 꽃 비빔밥. 바로 옆의 밭에서 키운 보라색, 빨간색, 노란색의 꽃을 올려서 치장을 한 꽃 비빔밥은 먹기도 전에 눈에서부터 즐겁습니다. 보라색 팬지꽃으로 꽃차를 만들었는데 색갈이 너무 곱습니다. 다경 꽃차 하정이 선생님 팀은

[꽃 비빔밥을 준비 하시는 다경 꽃차 하정이 선생님]

빗물로 차를 만들어 본 후 빗물 팬이 되었습니다. 빗물로 만든 꽃차의 색깔이 가장 아름다운 것을 확인했기 때문이지요. 그 이후에는 빗물 전도사가 되어 제가 하는 국내외의 여러 행사에서 품위 있는 꽃차를 준비해주십니다. 후식으로 금방 찐 감자와 떡을 먹으니 꿀맛입니다.

[꽃 비빔밥의 재료]

갈 때는 참가자 모두에게 한 봉지씩 감자를 들려 보내고, 나머지는 관악구 독거 어르신들께 보냈습니다. 이렇게 모두가 행복한 슬기로운 옥상감자 파티를 마쳤습니다. 조금 있다가 무와 배추를 심고 김장을 할 준비를 해야지요.

세계적인 W-E-F-C 옥상을 그린 뉴딜로 하자

이 옥상은 세계적으로도 유명합니다. 벌써 국제적인 상을 두 개나 받았고요. 4년 전에는 프랑스의 AFP통신에서 취재를 해서 뉴스가 나간 적도 있고요. 최근에는 영국의 BBC 방송에서도 소개되었습니다. 미국에서 열린 옥상녹화 학회에서 초청받아서 시애틀시 시청에서 우리 옥상에 대해 강연을 한 적도 있습니다.

국내에서도 KBS, MBC, SBS, EBS 등에서도 방영이 되어, 국내에서도 알만한 사람은 다 압니다. 참, 2014년에는 서울시와 함께

[수확한 감자앞에서]

국제적인 상인 에너지 글로벌 어워드를 받은 후 시청에서 간담회를 할 때 옥상에서 캔 감자를 쪄서 가져갔습니다. 당시 박원순 시장님이 이 감자를 드시고는 바로 이러한 것이 본인이 원하는 것이라면서 서울시에 널리 보급하겠다고 약속을 하셨는데, 그 이후 소식은 듣지 못했습니다.

우리 옥상이 유명한 이유는 홍수나 폭염 등의 기후위기를 대응할 수 있으며, 물-에너지-식량 등의 다목적으로 활용하고 있고, 비용이 들지 않고 모두가 좋아한다는 것을 누구나 직접 눈으로 확인할 수 있습니다. 기후위기의 대응에 관한 한, 그 효과가 불확실한 탄소 저감 이야기보다 우리 옥상이 훨씬 사람들을 설득하기 쉽습니다.

물(Water)문제: 이 옥상은 오목하게 만들어져 비가 오면 비를 버리지 않고 모아두니 하수도로 흘러가는 양이 적어져서 홍수를 방지하고, 모아둔 물로 식물을 가꾸니 수자원을 확보해두니 홍수와 가뭄 문제를 해결해줍니다.

[글로벌 어워드 수상 사진]

에너지(Energy)문제: 옥상을 흙으로 덮어 식물이 자라게 하니, 여름에 태양의 직사광선을 차단해주고, 흙에서 수분이 증발할 때 발생하는 기화열로 에너지를 흡수하여 옥상이 시원해집니다. 한창 더운 여름 뙤약볕에서 콘크리트 지붕은 섭씨 50~60도 까지 올라가는데, 우리 지붕은 25~30도 밖에 안되어 꼭대기 층이 시원해지고, 그만큼 도시 열섬현상도 줄여줍니다. 또 보온효과가 있어서 여름에는 냉방에너지, 겨울에는 난방에너지도 줄여 줍니다.

식량(Food)문제: 땅값이 비싼 서울시에 840㎡의 새로운 농토가 생긴 셈입니다. 이 농토를 식량증산에 사용하고 조화로운 생태계를 만들고, 휴식공간으로 사용할 수 있습니다. 만약 우리 텃밭에서 미슐랭 급의 유명 레스토랑과 제휴를 맺어 고품질의 유기농 농산물을 공급해준다면, 서로가 윈윈하는 텃밭을 만들수도 있습니다.

[감자캐기 행사 진행안내]

공동체(Community)부활: 최근 우리 옥상에서 돈보다 더 중요한 가치를 찾아내었습니다. 우리 선조들은 나눔의 삶을 살고 정이 오가는 그런 공동체 생활을 하였습니다. 그런데 도시화가 되고 아파트 문화로 바뀌다 보니, 그러한 아름다운 마음과 정들이 모두 사라졌습니다. 그런데 옥상에 이러한 공간을 만들어 놓았더니, 공동체 구성원끼리 서로 간의 친목을 도모하고, 나눔을 가지면서 재미있게 지낼 수 있다는 것을 알았습니다. 만약 아파트마다 옥상을 텃밭으로 만든다면, 홍수나 폭염 등의 기후위기에 대응하면서 아파트에 사시는 어르신들의 육체적, 정신적 건강에도 도움을 주면서 우리의 아름다운 인심과 정이 오가는 공동체 문화를 부활시킬 수 있지 않을까 생각합니다. 여러분도 지금 계신 건물의 옥상을 이렇게 만들어 보시면 어떨까요?

큰돈 안들이고 물-에너지-식량-공동체 부활을 단번에 해결하는 것, 이런 것이 바로 그린 뉴딜이 아닐까요? 이런 곳에 세금을 가장 최우선 순위로 써야 하지 않을까요? 독자 여러분들의 지도자에게 강력하게 요청해 주시기 바랍니다.

이러한 WEFC 옥상을 우리나라의 고유한 물문화의 하나로 자리 잡도록 민과 관이 합심하여 만들었으면 좋겠습니다.

화장실과 물

이 원 형
화장실 박물관「해우재」관장

사람이 살아가는데 꼭 필요한 화장실은 사실 물과는 떨어져 설명될 수 없는 공간입니다.

아름다운 화장실문화운동은 지구의 환경과 사람을 이롭게 할 것이라 생각하는 저와 빗물을 통해 세상을 이롭게 하고 계신 한무영 교수님과의 만남은 우연이 아니라고 생각합니다.

한무영 교수님과는 2007년부터 인연이 시작되었습니다. 17대 국회의원이며 세계화장실협회(WTA) 창립총회 조직위원장인 심재덕 의원님이 화장실을 인류의 공동문제라 생각하고 화장실전문 국제기구인 세계화장실협회(WTA) 창립을 준비하고 있던 당시, 세계물학회(IWA) 한국이사인 한무영 교수님을 전문가 분과위원으로 위촉하면서 처음 만남이 이루어 졌습니다.

그 후 한 교수님과 서울대 학생들이 쓰나미 재앙으로 폐허가 되고 물 부족으로 고통 받고 있던 인도네시아 반다아체 주민들을 위해 빗물 저류시설을 설치하였다고 전해들은 심재덕 의원님은 세계화장실협회(WTA) 동남아 6개국 유치 활동 중 시간을 내서 반다아체 현장을 방문하고 서울대생들이 설치한 시설을 둘

러보게 되었습니다. 현지주민들의 물 부족 곤경을 극복하는데 도움을 준 서울
대 학생들의 땀과 노력을 격려하기 위해 해우재로 초청하여 오찬을 같이 한 것
이 벌써 13년 전의 일입니다.

　저 또한 '똥 박물관'으로 알려져 있는 화장실 박물관 「해우재」에서 관장으로
일하고 있는 것이 그때의 인연이기도 합니다. 궁극적으로 환경과 사람을 이롭
게 하고자 한다는 지점에서 공통점이 있었고, 그러한 이유로 교수님의 저서 '똥
이랑 물이랑' 출판이 어느 때보다 반갑습니다.

　아름다운 화장실문화운동의 발상지인 수원시의 시민들은 심재덕을 국회의
원보다 영원한 수원시장으로 기억하고 있습니다. 해우재는 커다란 변기모양의
건축물로　민선 1, 2기의 수원시의 심재덕 (전)시장님의 집이었습니다. 2007
년 화장실이 인간에게 가장 소중한 공간임을 세상에 널리 알리고자, 30여 년
간 살던 집을 허물고 커다란 변기모양의 집으로 새롭게 지어 근심과 걱정을 더
는 집 '해우재'라 명명하고 1 년반 정도 거주하였습니다. 온몸을 바쳐 열정적으
로 화장실문화운동을 하다 2009년 고인이 되신 심재덕 시장님의 뜻에 따라 유
족들은 해우재를 수원시에 기증하였고, 수원시는 그분의 유지를 이어나가고자
리모델링하여 현재 세계 하나밖에 없는 변기모양 화장실 박물관으로 운영하고
있습니다. 생전에 "씨앗을 뿌리는 농부의 마음으로 일을 합니다. 수확은 후손들
이 하게 될 것입니다."라는 말씀처럼 심재덕 시장님은 '해우재'를 시민들과 나

눔으로써 미래를 향한 희망의 씨앗이 되어 현재를 사는 우리에게 깊은 감명을 주고 있습니다.

해우재는 화장실의 역사, 과학, 화장실문화운동의 중요성을 널리 알리는 동시에 환경과 인간의 보편적 복지에 관해 연구하고 교육하는데 앞장서고 있습니다. 사람이 살아가는데 꼭 필요한 화장실은 사실 물과는 떨어져 설명될 수 없는 공간입니다. 세계 최초로 화장실문화운동을 주도했던 심재덕 시장 이후로 20년이 흐른 지금 화장실은 연구와 발전을 거듭해 왔습니다. 단순히 배설을 위한 공간이 아니라 환경과 사람을 이롭게 하는 공간으로 말이죠. 화장실은 사람의 삶에서 중요한 부분을 차지하고 있으나 이는 세계 각국의 상황과 환경에 따라서 달라집니다. 때문에 화장실문화운동 또한 폭넓은 개념 확장을 통해 새로운 길을 나아가고 있습니다. 이 책에서 이야기 하고 있는 것처럼 화장실이 단지 좋은 시설과 아름다운 외관이 주는 만족감에서 한 발자국 나아가 각국의 상황에 맞는 지속가능한 화장실로써 거듭 발전되어야 합니다. 지속가능한 자연순환의 친환경 화장실을 개발하고 보급하는 운동으로 발전해가야 하는 것이지요.

이러한 이유로 물을 연구하는 교수님의 연구 성과들이 집약된 이 책을 응원합니다. 사람을 이롭게 하고자하는 교수님의 마음이 소중하게 담긴 '똥이랑 물이랑'이 많은 이들에게 읽혀져 생각의 변화를 가져오고 이러한 작은 변화들이 좀 더 나은 사회를 만들어 갈 것임을 믿어 의심치 않기 때문입니다. '똥이랑 물이랑'이라는 책 제목이 함께하는 공간은 '화장실'입니다. 한무영 교수님의 똥과 물 이야기가 아름답게 꽃피우고 열매 맺을 수 있기를 세계화장실문화운동의 초석이 되었던 수원의 해우재에서 기원합니다.⊞

우리 생활 곳곳에서 쓰이는 「물」

표 혜 령

화장실문화시민연대 상임회장

물이 없으면 우리는 살아갈 수 없지요?
소중한 물을 아끼고 낭비하지 않기 위해서 삶을 게을리 하지 않는
한무영 교수님!

빗물에서도 그대의 물사랑을,
변기물에서도 그대의 물사랑을
그리고

이제는 삶에서 가장 소중한 "물이랑"
역으로 삶의 가장 중요한 한 부분인 "똥이랑"으로
수놓아 우리를 다시 감동하게 합니다. ⊞

우리나라의 똥문화와 물문화로 전세계적인
물문제인 SDG6을 해결해 나가는 여정

부록

화보로 보는 빗물 현장스케치

1 해우재(수원시)

1. 해우재의 내부 전시실
2. 백제시대의 여성화장실
3. 똥지게를 지고 똥을 나르는 모습
4. 오줌을 싼 아이에게 키를 씌워 소금을 받게 하던 장면

5. 백제시대의 남성용 소변기, 호자 (虎子)
6. 과거의 화장실, 잿간이라고도 함
7. 해우재의 내부에 전시된 요강
8. 똥 박물관 내부의 똥의 여정 미끄럼틀

1. 남이섬 입구 선착장의 표지석
2. 남이섬을 둘러싼 한강을 배경으로
3. 남이섬 안의 연못에 비친 꽃을 뜨다

4. 한강과 나무를 배경으로

5. 안쓰는 고가수조를 폭포로, 겨울에는 암벽등반용으로 만드는 상상력

6. 아름다운 다리 위에서

7. 남이섬 사장님과의 인터뷰

8. 남이섬 대문, 입춘대길 入春大吉 (여기서 춘은 봄이 아닌 춘천을 나타냄) 춘천에 들어오면 운이 좋아진다)

❸ 천수텃밭(서울 노원구)

1. 배꽃 아래에서 쉬고 있는 빗물박사, 똥박사
2. 5톤짜리 빗물저장조를 점검하고 있다
3. 토리 2에 들어갈 분뇨분리형 변기
4. SBS "물은 생명이다" 팀과의 인터뷰

5. 천수텃밭에 만들어진 한무영 숲
6. 산기슭에 비닐을 깔고 집수하는 빗물저금통
7. 천수텃밭의 토리2 앞에서, 새로운 변기로 실험중
8. 계곡에 나무로 막은 다목적 물모이

❶

1. 용암에서 나온 돌을 모아 쌓은 돌탑
2. 높이 차를 이용한 폭포연못
3. 땅을 파고 비닐을 까니
   하늘에서 비가 내려 연못이 생긴다.
4. 탐나라 공화국에 만들어진 서울대학교
   빗물연구센터 제주레인캠프

❷ ❸ ❹

5. 땅을 오목하게 파서 만든 연못이 80개
6. 연못을 파서 은하수라는 이름을 붙이는 상상력
7. 제 1회 빗물식수화 국제 워크샵이 열린
   도서관의 내부
8. 연못의 거울에 비친 정자

⑤ 반구대 암각화(울산시)

1. 반구대 암각화 박물관 표지판 앞에서
2. 반구대 암각화의 안내 표지판
3. 반구대 들어가는 입구

4. 반구대 암각화 박물관 앞에서
5, 반구대 암각화 그림을 망원경으로 관찰
6. 반구대에서 돌에 새긴 이름들

⑥ 서울대학교 35동 옥상텃밭

1. 아윤이 가족과 함께하는 한무영 할아버지
2. 감자를 같이 캐는 민규 어린이
3. 2020 도시농부들의 감자 수확잔치를 위한 점심준비

4. 2020 도시농부들의 감자 수확잔치
5. 수확한 감자는 관악구의 독거어르신에게 기증
6. 아윤이와 민규네 식구들
7. 수확한 감자를 들고 좋아하시는 임홍재 대사님과 빗물박사
8. 옥상에서 농사 짓는 서울공대생

1. 옥상 연못을 배경으로 한 서밋237팀과
   임홍재 대사님 부부
2. 행사전에 체온체크와 마스크 착용
3. 아프리카 유학생에게 설명하는
   Janith와 민규

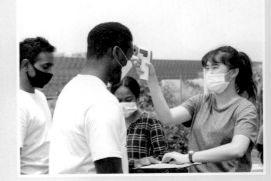

4. 꽃 비빔밥 드시러 오세요
5. 어린이 참가자를 위한 게임도 한판
6. 감자캐기 요령 설명후 감자캐기 시작
7. 감자캐기 행사 개회식을 하는 빗물박사

7 빗물박사의 빗물강연(EBS 초대석 방송)

1. 전 세계의 237나라에 하늘물 이니셔티브 설명
2. 마시는 빗물, 맛있는 빗물, 빗물로 만든 생수,
   꽃차 그리고 맥주
3. 서밋237 류광수이사장님과 빗물박사와의 면담
4. EBS 초대석 정관용 선생님과 함께
   "세계가 주목하는 빗물박사" 2020년 7월 1일 방영

바누아투 공화국대통령(오베드 모세스 탈리스), 빗물박사 찾다

1. 바누아투 공화국 대통령(오베드 모세스 탈리스), 서밋237 류광수 이사장, 서울대학교 한무영 교수가 MOU를 체결 (2019.1)
2. 빗물옥상정원을 방문한 바누아투 공화국 대통령내외
3. 바누아투 대통령 내외분께 빗물저금통을 설명하는 빗물박사
4. 바누아투 대통령 내외분께 빗물옥상정원소개
5. 바누아투 대통령 내외분과 서밋237 방문한 모든분께 빗물옥상정원 소개
6. 바누아투의 하버사이드 평화의 고원에 측우기를 설치하고 남태평양의 정상들과 함께 남태평양 측우기 네트워크를 구축하기 시작 (2019.8)

서울대와 WHO공동 베트남 보건소 빗물식수화 시설 준공

1. 베트남 호지민시의 통덕탕대학에서 빗물식수화 시설 설치를 위한 방문 (2018.8)
   (주승용 국회부의장, 통덕탕대 총장, 호지민 총영사 등과 함께)
2. 베트남 LyNhan의 시골병원에서 WHO와 함께 빗물식수화 시설을 설치 (2019.8)
3. 베트남 호지민시 통덕탕 대학의 빗물식수화 시설을 캄보디아 국장들께 설명하는 빗물박사 (2018.8)
4. 베트남 호지민시 통덕탕 대학의 설치된 빗물 식수를 마시는 모습

전세계 사람들이 물과 화장실로 어려움을
겪고 있는 사람들에게 생명과 재산을 보호
하는 제2의 한류로 승화시켜 보겠다는 마음
을 다짐하면서...

한무영교수는 현재 서울대학교 건설환경공학부에서 '상수도공학'과 '지속가능한 물관리' 과목을 가르치고 있다. 그는 서울대학교 토목과에서 학사, 석사를, 미국 텍사스 오스틴 대학에서 박사학위를 받았다. 석사 졸업 후 현대건설 해외토목설계부에서 해외 프로젝트 중 상하수도 분야의 설계를 하였다. 특히 그중 1년은 이라크 바스라 지역의 하수도 및 하수처리 시설공사 현장에서 근무하였다. 박사학위를 받고 귀국한 후 한국건설기술연구원의 환경연구실에서 건설부의 하수도 기본계획수립 프로젝트에 참여하였다. 실무경험을 바탕으로 상하수도 분야의 토목기술사 자격을 취득하였다. 그후 경희대학교 토목과에 8년간 재직한 후, 1999년부터 서울대학교에서 근무하고 있다. 현재는 IWA(국제물협회)의 석학회원이며 빗물분과위원장을 맡고 있다. 현재 (사)국회물포럼의 부회장이며, 국가물관리위원회 위원이기도 하다.

그는 응집, 침전, 부상과 같은 상하수처리분야의 전문가이다. 그의 응집의 이론에 관한 논문은 세계환경공학과학 교수협의회(AEESP)에서 주는 2005년 최우수 논문상을 받았다. 이 상은 시간의 검증을 거친, 현실적으로 많은 실제적인 영향을 준 기념비적인 논문을 일년에 단 한편씩 뽑아서 주는 권위있는 상이다.

그후 그는 빗물관리와 빗물식수화로 연구범위를 넓혀 IWA, Energy Global Award, World Water Forum등에서 많은 국제적인 상을 받았다. 빗물관리라는 새로운 학문적 지평을 넓힌 것을 인정하여 모교인 서울대학교 토목동창회, 미국 텍사스 오스틴 대학에서도 훌륭한 동문상을 받았다. 조선일보 국제환경상, SBS 환경상, 세상을 밝히는 사람상, 그리고 서울대학교 제 1 회 사회봉사상을 수상하였다. 15년간의 빗물연구를 집대성한 "다목적 소유역 빗물관리 시설의 수문학적 설계"라는 영어 교과서를 IWA에서 발간하였다.

많은 외국의 지식이 국내의 기술과 정책에 반영되지 않는 것을 보고, 외국의 학술서적들을 번역 출간하였다. WHO음용수 수질 기준, WHO화장실 기술, 정수시설의 최적설계와 유지관리, 물순환과 빗물 이용, 새로운 패러다임의 물관리, 빗물모으는 방법, 도시의 물관리 책들은 반드시 읽어야 할 책들이다. 그 외에 저서로서 지구를 살리는 빗물의 비밀, 빗물탐구생활, 빗물과 당신을 비롯하여 학생들을 위한 책들을 저술하였다.

응집의 이론을 발전시켜 부상처리의 이론을 정립하여 미세기포의 다양한 성질을 활용한 다양한 수처리 방법에 대한 연구를 진행하였다. 그중 대표적인 것이 조류제거선의 개발이다. 하천이나 호수에 생긴 녹조를 배를 타고 건져내는 획기적인 기술은 실용화 단계에 있어서, 앞으로 전세계의 호수에 발생하는 녹조를 제거하는데 사용될 예정이다. 또한 미세기포를 이용하여 유류로 오염된 토양을 정화하는 기술도 현장에서 적용되고 있다.

2001년 봄, 오랜 가뭄 끝에 비가 왔을 때 빗물을 모두 다 버리는 현실을 보고 빗물에 대한 오해가 있음을 알았다. 그 오해를 풀어주는 것이 바로 물문제 해결의 실마리가 될 것이라는 생각으로 빗물의 연구와 인식개선에 의한 확산방안에 대한 사회운동을 시작하였다. 블로그와 컬럼, 그리고 국제 및 국내 워크샵과 컨퍼런스, 아동들을 위한 세미나, 교재발간 등을 하였으며, 최근에는 중학교 2년 국어 교과서에 "지구를 살리는 빗물"이라는 제목의 글을 게재한 바 있다. 국제적으로 도 '다목적 분산형 빗물관리'라는 학술분야의 이론을 정립하였다.

빗물관리를 위한 두 개의 세계적인 모범사례를 만들어 외국의 교과서에 소개하고 있다. 광진구 스타시티에 있는 다목적 빗물관리 시스템은 홍수, 가뭄, 비상시 대비등의 다목적 시설을 성공적으로 만든후 서울시에 빗물관리 시설에 대한 경제적 인센티브를 받도록 하는 빗물조례를 만들었고, 이러한 빗물조례는 전국의 많은 지자체에서 채택하고 있다.

서울대학교 35동 건물옥상에 물-에너지-식량을 연계한 다목적 옥상녹화를 만들어 성공적으로 운영할수 있다는 사례는 외국의 언론과 교과서에 소개되어 있다. 두 가지 시범사업 모두의 근본 철학은 "모두가 행복한"으로 귀결되는 우리나라 고유의 홍익인간 철학에 바탕을 두고 있다.

수처리와 빗물관리의 두 개의 전문분야를 합쳐서 빗물식수화 (RFD: Rainwater For Drinking)라는 새로운 개념을 창안하고 기술적, 경제적, 사회적인 장벽을 극복하기 위한 연구를 하였다. '자연에 기반한 방법을 이용한 다중장벽을 가진 빗물식수화' 시설을 세계보건기구

(WHO)와 함께 베트남의 시골마을의 보건소에 설치, 성공적으로 운영하면서 베트남 보건부와 WHO의 정책을 바꾸기 위한 노력을 하고 있다. 이와 같은 빗물식수화 시설을 필리핀, 솔로몬제도, 바누아투와 같은 태평양 도서국가에 실제로 만들어 주면서 전파하고 있다. 이미 바누아투 공화국을 시작으로 남태평양 측우기네트워크를 만들었다. 이것을 전세계 측우기 네트워크로 확산하고자 하는 꿈을 가지고 있다.

SDG6의 문제인 Water and Sanitation을 해결하기 위하여 화장실에 대한 연구도 시작했다. 대한민국 전통의 화장실의 기술에 착안하여 물을 사용하지 않으며, 비료로 환원시키는 친환경순환형 화장실을 토리(土利)라 명명하여 그에 대한 연구와 실증시설을 개발하고 있다. 그의 연구는 World Water Forum과 UN 기관인 WIPO에서 국제적인 상을 수상한 바 있다.

그의 물관리 철학을 한마디로 표현하면 "모두를 위한, 모두에 의한, 모든 물의 관리" 인 모모모 물관리이다. 그의 지치지 않는 창의적인 아이디어와 추진의 원동력은 물과 화장실로 어려움을 겪는 전세계 사람들을 도와주자는 마음, 모두를 이롭게 하자는 홍익인간의 정신, 그리고 물관리에 대한 철학과 기술이 우리나라가 세계 최고라는 믿음, 앞으로 대한민국이 세계적인 지속가능 목표인 SDG6를 해결해서 전세계 사람들의 생명과 재산을 보호하는 제2의 한류로 승화시켜 보겠다는 마음으로부터 나오고 있다.